Gestion Paysanne, Caracterisation Agromorphologique Et Moleculaire Des Varietes Locales Du Niebe [*Vigna unguiculata* (L.) Walp.] Cultivees Au Togo

YAO D. DAGNON

Gestion Paysanne, Caracterisation Agromorphologique Et Moleculaire Des Varietes Locales Du Niebe [*Vigna unguiculata* (L.) Walp.] Cultivees Au Togo

Bibliografische Information der Deutschen Nationalbibliothek
Die Deutsche Nationalbibliothek verzeichnet diese Publikatioan in der Deutschen
Nationalbibliografie; detaillierte bibliografische Daten sind im Internet über
http://dnb.ddb.de abrufbar.

Ce livre est basé sur ma thèse de doctorat que j'ai défendu publiquement à l'Université de Lomé le 13 mars 2018 devant un jury.

© 2018 Galda Verlag, Glienicke
Neither this book nor any part may be reproduced or transmitted in any form or by any means electronic or mechanical, including photocopying, micro-filming, and recording, or by any information storage or retrieval system, without prior permission in writing from the publisher. Direct all inquiries to Galda Verlag, Franz-Schubert-Str. 61, 16548 Glienicke, Germany

ISBN (Print) 978-3-96203-049-0
ISBN E-Book : 978-3-96203-050-6

DEDICACE

Ce document représente l'aboutissement du soutien et des encouragements que mes parents m'ont prodigués tout au long de ma scolarité.

La patience et l'encouragement de mon épouse m'ont permis de surmonter les difficultés rencontrées au cours de ce document.

REMERCIEMENTS

Ce document est le fruit du soutien financier de la Fondation Internationale pour la Science (IFS).

J'exprime ma gratitude au Professeur Koffi Tozo, je voudrais vous remercier particulièrement pour le temps et la patience que vous m'avez accordés tout au long de ces années, d'avoir cru en mes capacités et de m'avoir fourni d'excellentes conditions de travail au sein de votre équipe et de m'avoir permis d'achever les travaux au Centre d'étude régional pour l'amélioration de l'adaptation à la sécheresse (CERAAS) à Thiès au Sénégal. De plus, les conseils que vous m'avez donnés tout au long de la rédaction, ont toujours été clairs et enrichissants, me facilitant grandement la tâche et me permettant la finalisation de ce document.

SOMMAIRE

Dedicace v
Remerciements vii
Liste des Figures xv
Liste des Tableaux xvii
Acronymes et abréviations xix
Résumé xxi
Abstract xxiii

INTRODUCTION GENERALE 1

1 REVUE DE LA LITTERATURE 5

1.1. Présentation générale des légumineuses 5

1.2. Présentation générale du niébé 6
    1.2.1. Classification 6
    1.2.2. Origine 8
    1.2.3. Centres de diversité et de domestication 9
    1.2.4. Description morphologique du niébé 10
        1.2.4.1. Appareil végétatif 10
        1.2.4.2. Fleur et fruit 10
    1.2.5. Ecologie 12
    1.2.6. Principales caractéristiques morphologiques et physiologiques du niébé 12

1.2.6.1. Caractéristiques morphologiques 12
1.2.6.2. Caractéristiques physiologiques 13
1.2.7. Importance et utilisation 14
1.2.7.1. Importance agronomique 14
1.2.7.2. Importance économique 14
1.2.7.3. Importance thérapeutique 15
1.2.7.4. Importance alimentaire 15
1.2.8. Contraintes à la production du niébé 16
1.2.8.1. Contraintes abiotiques 16
1.2.8.2. Contraintes biotiques 17
1.2.9. Place du niébé dans le monde 18
1.2.10. Aperçu de l'agriculture togolaise 19
1.2.10.1. Place du niébé dans l'agriculture togolaise 19
1.2.10.2. Système de culture du niébé au Togo 20

1.3. Diversité génétique du niébé 21
1.3.1. Définition et généralités sur la diversité génétique 21
1.3.2. Méthodes d'étude de la diversité génétique 23
1.3.2.1. Marqueurs morphologiques et agronomiques 23
1.3.2.2. Marqueurs biochimiques 24
1.3.2.3. Marqueurs moléculaires 24

2 CONTRAINTES DE PRODUCTION, CRITERES DE PREFERENCE DES PRODUCTEURS ET DIVERSITE DES VARIETES DE NIEBE 29

2.1. Introduction 29

2.2. Méthodologie 30
2.2.1. Présentation de la zone d'étude 30
2.2.1.1. Localisation géographique, subdivisions administratives 30
2.2.1.2. Relief et climat 31
2.2.1.3. Végétation 32
2.2.1.4. Population et diversité ethnique 33

2.2.2. Enquêtes ethnobotaniques 34
2.2.2. Collecte des données d'enquête de groupe 37
2.2.3. Analyses statistiques des données 40

2.3. Résultats.. 40

2.3.1. Critères de nomination des variétés locales........................... 40
2.3.2. Contraintes à la production du niébé 42
2.3.3. Critères paysans de préférence ou de sélection variétale 43
2.3.4. Richesse variétale et indice de diversité du niébé au Togo... 44
2.3.5. Taux de perte des variétés de niébé. 47
2.3.6. Distribution des variétés de niébé 49

2.4. Discussion 52

2.4.1. Nomination des variétés de niébé 52
2.4.2. Contraintes à la production du niébé 53
2.4.3. Traits de préférence du niébé 53
2.4.4. Diversité variétale, distribution et étendue des variétés........ 54

2.5. Conclusion partielle.. 56

3 PRATIQUES PAYSANNES ET STRATEGIES DE CONSERVATION DU NIEBE 57

3.1. Introduction... 57

3.2. Méthodologie.. 58

3.2.1. Zone d'étude 58
3.2.2. Collecte des données d'enquête individuelle......................... 58
3.2.3. Analyses statistiques des données d'enquête individuelle..... 60

3.3. Résultats... 60

3.3.1. Caractéristiques des ménages enquêtés 60
3.3.2. Richesse variétale et paramètres sociodémographiques 63
3.3.3. La place du niébé parmi les principales cultures du Togo 65

3.3.4. Pratiques culturales du niébé sur le plan ethnique
et régional 68
3.3.5. Méthodes de conservation post récolte du niébé 69
3.3.6. Perte de variétés au sein des ménages 71
3.3.7. Système semencier 71
3.3.8. Critères de préférences du niébé dans les ménages 72
3.3.9. Importance socio-culturelle du niébé au Togo 72

3.4. Discussion 73

3.5. Conclusion partielle 76

4 CARACTERISATION AGROMORPHOLOGIQUE DES VARIETES DE NIEBE [*Vigna unguiculata* (L.) Walp.] DU TOGO 77

4.1. Introduction 77

4.2. Matériel et méthodes 78
4.2.1. Matériel végétal 78
4.2.2. Echantillonnage des variétés 79
4.2.3. Présentation de la zone d'étude 80
4.2.4. Dispositif expérimental 80
4.2.5. Méthodologie 83
4.2.6. Traitement des données 83

4.3. Résultats 84
4.3.1. Analyse des variables qualitatives 84
4.3.1.1. Caractéristiques du stade végétatif de la plante 84
4.3.1.2. Caractéristiques des gousses matures 85
4.3.1.3. Caractéristiques des graines 85
4.3.2. Analyse descriptive des variables quantitatives 87
4.3.3. Corrélations entre les variables quantitatives 87
4.3.5. Structuration de la variabilité agro-morphologique 89

4.3.6. Combinaison des variables qualitatives 92

4.3.7. Combinaison des variables quantitatives 94

4.4. Discussion 96

4.5. Conclusion partielle 100

5 CARACTERISATION MOLECULAIRE DES VARIETES DE NIEBE [*Vigna unguiculata* (L.) Walp.] DU TOGO 101

5.1. Introduction 101

5.2. Matériel et méthode 102

5.2.1. Cadre de l'étude 102

5.2.2. Matériel végétal étudié 102

5.2.3. Extraction de l'ADN génomique 103

5.2.4. Quantification de l'ADN 103

5.2.5. Amplification de l'ADN 104

5.2.6. Séparation et visualisation des amplicons SSR sur système Li-cor DNA Analyzer 105

5.2.6.1. Préparation du gel 105

5.2.6.2. Multiplexage 105

5.2.6.3. Dépôt des échantillons et migration 107

5.2.7. Analyse des données moléculaires 107

5.3. Résultats 107

5.3.1. Indices de diversité génétique et polymorphisme des marqueurs SSR 107

5.3.2. Variabilité génétique 111

5.3.3. Structuration génétique des variétés locales analysées 112

5.4. Discussion 114

5.4.1. Indices de diversité et polymorphisme
des marquers SSR 114
5.4.2. Structuration de la diversité génétique 116

5.5. Conclusion partielle.. 117

Conclusion Generale Et Perspectives   119
References Bibliographiques   121
Annexes   137

LISTE DES FIGURES

Figure 1: partie aérienne du niébé (Vigna unguiculata (L.) Walp.) 11
Figure 2: évolution de la surface cultivée, de la production et du rendement du niébé au Togo (1990-2013) (Source : FAOSTAT, 2017)............20
Figure 3: carte du Togo montrant la localisation des localités prospectées........35
Figure 4: séances d'entretien et d'enquête (A) à Kassi et (B) à Déouté............39
Figure 5: critères de dénomination des variétés à travers les villages 41
Figure 6: richesse variétale au niveau des groupes ethniques enquêtés.........47
Figure 7: enquêtes individuelles (A) à Nangbéni et (B) à Konfaga 59
Figure 8: répartition des producteurs par tranches d'âge au Togo 60
Figure 9: répartition des producteurs par années d'expérience au Togo 61
Figure 10: répartition des ménages enquêtés selon la taille au Togo 62
Figure 11: répartition des superficies de champ exploitées par les enquêtés au Togo..62
Figure 12: répartition des superficies (ha) emblavées par la culture du niébé au Togo..63
Figure 13: richesse variétale par ethnies au Togo 65
Figure 14: plan de l'éssai d'un bloc complètement aléatoire...........................81
Figure 15: variabilité des traits caractéristiques du stade végétatif des variétés..84
Figure 16: variabilité des traits caractéristiques des gousses...........................85
Figure 17: variabilité de la couleur des graines...86
Figure 18: variabilité des traits caractéristiques des graines 86
Figure 19: projection des différentes variables dans le plan principal de l'ACP 91
Figure 20: projection des variétés dans le plan principal de l'ACP...............92

Figure 21: classification ascendante hiérarchique (CAH) sur la base des caractères qualitatifs 93
Figure 22: classification ascendante hiérarchique sur la base des caractères quantitatifs 95
Figure 23: photographie d'un gel d'agarose montrant l'ADN vu sous UV 104
Figure 24: distribution de 28 marqueurs SSR à travers 163 allèles amplifiés sur 70 variétés de niébé 109
Figure 25: fréquence allélique des 28 marqueurs SSR 110
Figure 26: fréquence du PIC à travers les 28 marqueurs SSR 110
Figure 27: représentation arborée du dendrogramme construit d'après la matrice de dissimilarités obtenue pour l'ensemble des 70 variétés locales de niébé avec la méthode de " Neighbour-Joining " 113

LISTE DES TABLEAUX

Tableau 1: Composition chimique de la graine de niébé 16
Tableau 2: quelques caractéristiques des marqueurs les plus utilisés en génétique des populations 25
Tableau 3: liste des villages prospectés avec leur localisation et l'ethnie au Togo 36
Tableau 4: contraintes liées à la culture du niébé au Togo............................42
Tableau 5: critères de préférence des variétés chez les producteurs............43
Tableau 6: richesse variétale, distribution, étendue et taux de perte de diversité 45
Tableau 7: synthèse de l'état de la richesse variétale du niébé sur le plan régional...46
Tableau 8: noms locaux des variétés abandonnées par les popualtions locales 48
Tableau 9: taux de perte de diversité suivant les groupes ethniques.............49
Tableau 10: liste de quelques variétés valorisables en amélioration variétale avec leurs cycles et distribution-étendue 49
Tableau 11: corrélation entre la richesse variétale et les paramètres sociodémographiques au Togo 63
Tableau 12: richesse variétale par ménage et par région au Togo 64
Tableau 13: richesse variétale dans les ménages au niveau régional au Togo 64
Tableau 14: principales cultures au Togo...66
Tableau 15: fréquence de citations des cultures comme première source de revenu dans la zone de culture...66
Tableau 16: répartition des pratiques culturales en fonction des ethnies au Togo 68

Tableau 17: répartition des pratiques culturales dans les régions du Togo 69
Tableau 18: méthodes de conservation post récolte..69
Tableau 19: traitements appliqués aux graines pour une conservation post récolte du niébé au Togo 70
Tableau 20: principales raisons de perte de diversité dans les ménages au Togo 70
Tableau 21: modes d'acquisition de nouvelles variétés dans les ménages au Togo 71
Tableau 22: importance socioculturelle du niébé...73
Tableau 23: liste des variétés locales analysées par les descripteurs agromorphologiques 78
Tableau 24: hauteur de pluie enregistrée durant la période de l'essai (2016)..80
Tableau 25: variables quantitatives utilisées pour l'analyse agromorphologique 81
Tableau 26: variables qualitatives utilisées pour l'analyse agromorphologique 82
Tableau 27: résultats d'analyse descriptive sur la base des variables quantitatives 87
Tableau 28: corrélation entre les variables quantitatives étudiées...................88
Tableau 29: valeurs propres et contribution des variables aux axes de l'ACP 90
Tableau 30: caractéristiques agronomiques de quelques variétés précoces et à haut rendement...96
Tableau 31: liste des marqueurs SSR utilisés avec leurs dye (Andargie *et al.*, 2011)..106
Tableau 32: indice de diversité génétique et de polymorphisme des 28 marqueurs SSR pour 70 accessions du niébé cultivées au Togo 108
Tableau 33: nombre d'allèles privés ; hétérozygotie observée (Ho) et attendue (He), indice de fixation et pourcentage de loci polymorphes..112
Tableau 34: analyse de la variance moléculaire (AMOVA) à trois (3) niveaux portant sur les variabilités variétés et régions 112

ACRONYMES ET ABRÉVIATIONS

ACP	:	Analyse en Composante Principale
ADN	:	Acide desoxyribonucléique
AFLP	:	Polymorphisme de Longueur de Fragments Amplifiés
CERAAS	:	Centre d'étude régional pour l'amélioration de l'adaptation à la sécheresse
DGSCN	:	Direction Générale de la Statistique et de la Comptabilité Nationale
dNTP	:	Désoxyribonucléotide triphosphate
DSID	:	Direction des Statistiques Agricoles de l'Informatique et de la Documentation
FAO	:	Food and Agriculture Organization
FAOSTAT	:	Food and Agriculture Organization Statistic
GPS	:	Global Positioning Systèm
IITA	:	International Institute of Tropical Agriculture
ISSR	:	Amplification Inter-Microsatellite
MAEP	:	Ministère de l'Agriculture de l'Elevage et de la Pêche
MERF	:	Ministère de l'Environnement et des Ressources Forestières
PCR	:	Polymerase Chain Reaction
RAPD	:	Polymorphisme de l'ADN Amplifié au Hasard
RFLP	:	Polymorphisme de Longueur de Fragments de Restriction
SSR	:	Séquences Simples Répétées ou Microsatellites
TBE	:	Tampon Tris-Borate-EDTA TE Tris-EDTA

RÉSUMÉ

Le niébé est une culture présentant d'importantes potentialités agronomiques et alimentaires. Toutefois, sa production est entravée par des facteurs biotiques et abiotiques. Face à cette situation, des préalables à la mise en place des stratégies de préservation de cette ressource sont nécessaires et urgentes. Une enquête ethnobotanique menée dans 50 villages à travers le pays à permis de collecter 289 accessions de niébé dont 147 différemment nommées ont été considérées comme variétés locales. Le nombre de variétés produites varie de deux à 13 par village et de un à six par ménage. L'indice de diversité de Shannon-Wiener calculé pour apprécier la diversité variétale est $H' = 3,82$ et l'indice d'équitabilité de Piélou est $J' = 0,67$. En revanche, cette grande diversité variétale est sans doute menacée avec un taux de perte de variété d'environ 27 % sur le plan national. L'enquête a aussi révélé que les contraintes majeures à sa production sont les attaques des insectes et les aléas climatiques comme partout ailleurs en Afrique. Cultivées sur de petites surperficies et très vulnérables à la conservation post récolte, les semences du niébé s'obtiennent principalement par achat sur les marchés. Une caractérisation agromorphologique de 70 variétés locales à l'aide de 29 descripteurs de niébé a été conduite suivant un dispositif en bloc aléatoire complet avec trois répétitions. Cette étude a montré une importante diversité pour la plupart des caractères étudiés. Les caractères les plus discriminants sont le port de la plante, la couleur et la taille de la graine, le nombre de graines par gousse, le poids de 100 graines et le rendement. Quatre groupes agromorphologiques ont pu être distingués sur la base de la taille de la graine, du port de la plante, du rendement et du temps de maturation. L'un des groupes était composé par des variétés à haut rendement et à grosse graine. Le niveau de diversité génétique de ces variétés a été ensuite estimé à l'aide de 28 marqueurs microsatellites, sélectionnés pour leur polymorphisme. Les 28 marqueurs microsatellites ont mis en évidence une hétérozygotie observée de 0,072 pour l'ensemble des 70 variétés avec une moyenne de 5,82 allèles par locus. L'analyse du niveau de polymorphisme a montré que 17 marqueurs sont hautement informatifs. La diversité observée était structurée en quatre groupes génétiques dont la répartition n'est pas spécifique à une région donnée. Le niébé se présente aujourd'hui comme une culture potentielle dans les stratégies d'adaptation aux changements climatiques.

Mots clés : niébé, caractérisation, contrainte, diversité génétique, Togo.

ABSTRACT

Cowpea is a crop with important agronomic and nutritional potential. However, its production faces biotic and abiotic constraints. It is therefore necessary and urgent to build strategies to preserve this resource. An ethnobotanical survey was conducted in 50 villages, selected through out the country has permit to collect 289 accessions of cowpeas were collected, of which 147 named differently are considered as local varieties. The number of varities produced varies from one to thirteen per village and from one to six per household. The Shannon–Wiener diversity index (H) calculated to appreciate varietal diversity is H' = 3.82 and the Piélou equitability index is J' = 0.67. However, this great varietal diversity is threatened by varietal loss with a rate of about 27 % at national level. The survey revealed that the major constraints are insect attacks and abiotic stresses as elsewhere in Africa. Grown on small areas and highly vulnerable to post-harvest conservation, cowpea seeds are obtained mainly through market purchases. An agromorphological characterization on 70 local varieties using 29 descriptors of cowpea was done using a randomised complete block design with three replications. This study has shown an important diversity for most of the studied traits. The most discriminating characters are the plant habit, color and size of the seed, the number of seeds per pod, the weight of 100 seeds and the yield. Four agromorphological groups were distinguished based on of seed size, plant habit, yield and maturation time. One group consist of varieties with high yield and large seed. The level of genetic diversity of these varieties was then assessed using 28 microsatellite markers, known to be polymorphic. The 28 microsatellite markers showed an observed heterozygosity of 0.072 for all 70 varieties with an average of 5.82 alleles per locus. The analysis of polymorphism level showed that 17 markers are highly informative. This diversity was structured into four genetic groups independently to region of collection. Cowpea is presented nowadays as a potential crop adapted to climate change.

Keywords: cowpea, characterization, constraint, genetic diversity, Togo.

INTRODUCTION GENERALE

L'agrobiodiversité est capitale pour la production agricole, la sécurité alimentaire et la conservation de l'environnement. Elle contribue à enrichir le sol et réduit la vulnérabilité des cultures aux stress biotiques et abiotiques. Depuis plusieurs siècles, les producteurs exploitent et conservent cette diversité à travers de bonnes pratiques agricoles. Ainsi, 7000 espèces sont exploitées pour l'alimentation humaine, ce qui a substantiellement amélioré le régime alimentaire des populations (Thrupp, 2000). Cependant, de nombreux pays en développement font face aujourd'hui à une augmentation de leur population. Afin d'assurer la sécurité alimentaire qui constitue un défi majeur, il faut une augmentation de la production agricole. L'amélioration du niveau de vie et du bien-être des populations rurales constitue un autre défi majeur. Parmi le milliard de personnes qui vivent dans la pauvreté, trois quarts se trouvent en milieu rural (World Resources Institute, 2005 ; Radanielina, 2010). La lutte contre cette pauvreté constitue l'un des objectifs du millénaire pour le développement adopté par la communauté internationale en 2000. L'augmentation de la productivité agricole et l'orientation des communautés rurales vers la commercialisation de leurs productions sont souvent considérées comme des stratégies clés pour relever ces défis. Ainsi, les paysans, qui pratiquent encore majoritairement une agriculture traditionnelle de subsistance, sont de plus en plus appelés à augmenter leur production pour subvenir à leurs besoins monétaires croissants et pour approvisionner les villes en denrées alimentaires. L'extension des superficies cultivées étant de moins en moins possible, l'augmentation de la production passe par l'accroissement de la productivité. Pour ce faire, les paysans s'éloignent de plus en plus de l'agriculture traditionnelle et ont recours à l'agriculture intensive fondée sur l'exploitation de processus biologiques, y compris des variétés améliorées, très dépendantes de l'utilisation de pesticides, d'engrais et d'eau.

Parmi les produits agricoles vivriers, les légumineuses à graines constituent une fraction importante dans l'alimentation africaine et, par conséquent, doivent jouer un grand rôle dans la sécurité alimentaire. Parmi ces plantes, le niébé [*Vigna unguiculata* (L.) Walp.] occupe une importante place aussi bien dans l'alimentation humaine qu'animale et constitue une source de revenu non négligeable pour les producteurs.

Originaire de l'Afrique du Sud-Est, le niébé s'est diffusé dans le monde entier (Ng et Marechal, 1985). Il est cultivé et consommé en Asie, en Amérique du Sud et du Centre, dans les Caraïbes, aux Etats Unis, dans le Moyen Orient, en Europe australe et en Afrique. Le niébé est un aliment de base apprécié en Afrique car ses feuilles, gousses vertes et graines sèches sont consommées et commercialisées. Dans le monde, 6,4 millions de tonnes de niébé sont produites tous les ans sur 12,7 millions d'hectares environ (Sanguiga et Bergvinson, 2015). L'Afrique subsaharienne représente environ 95 % de la production mondiale de niébé, plus de 80 % de la part de l'Afrique étant produite en Afrique de l'Ouest, avec 50 % pour le Nigeria (Sanguiga et Bergvinson, 2015). Le niébé représente 85 % de la superficie de légumes secs et 10 % de terres totales cultivées (Alene *et al.*, 2012). Il offre de nombreux avantages aux petits exploitants agricoles en termes d'alimentation, de revenus monétaires, d'aliments pour bétail et d'amélioration de la fertilité des sols. Il est une culture essentielle pour la sécurité et la souveraineté alimentaires des pays d'Afrique en général et ceux de l'Afrique de l'Ouest en particulier. Il présente d'importantes potentialités agronomiques et alimentaires. Les fourrages de niébé constituent un aliment précieux pour le bétail et ses produits transformés, notamment les beignets et les gâteaux cuits à la vapeur constituent des casse-croûtes très populaires (Soule, 2007). Il est surnommé «viande de pauvre " parce qu'il contient un taux élevé de protéines compris entre 23 et 32 % du poids de la graine qui est aussi riche en lysine et en tryptophane, et une quantité substantielle de minéraux et de vitamines (acide folique et vitamine B) nécessaires pour la prévention des malformations au cours de la grossesse (Tan *et al.*, 2012). Il intervient également dans la lutte contre la malnutrition (Stoilova et Pereira, 2013 ; Yewande et Thomas, 2015). De plus, le niébé occupe une place importante dans les systèmes de culture à cause de sa résistance à la sécheresse (Tarawali *et al.*, 2002). C'est une plante fixatrice d'azote, qui permet la restauration de la fertilité des sols et qui est bénéfique dans les associations culturales impliquant les céréales (Pungulani *et al.*, 2012). Il constitue une source de revenu pour la population rurale car les fanes et les graines sont commercialisées (Diouf et Hilu, 2005). Le prix des fanes varie en effet entre 50 et 80 % du prix des graines (Boye *et al.*, 2016).

Plus de 80 % de la production africaine provient de l'Afrique de l'Ouest (Sanginga et Bergvinson, 2015) ce qui montre l'importance de cette culture dans la vie de nombreuses populations de la zone soudano sahélienne et guinéenne.

Au Togo, la production du niébé est d'environ 168.000 tonnes, soit un rendement de 460,4 kg/ha (FAO, 2017). Malheureusement, la production du niébé est entravée par plusieurs contraintes d'ordre biotique et abiotique dont les attaques des graines par les insectes au champ et au cours du stockage (Niba *et al.*, 2011 ; Houison *et al.*, 2014), poussant les paysans au désintéressement et à l'abandon de certaines variétés jugées très vulnérables. Or toute perte de variété est une perte potentielle d'adaptation. Cela entraîne la perte de la diversité et par conséquent, conduit à l'érosion génétique. Il urge de conserver ces ressources phytogénétiques. Or, aucune étude n'est faite sur la diversité variétale du niébé au Togo. Ainsi, faudra-t-il mener des enquêtes ethnobotaniques afin de faire l'état des lieux des connaissances paysannes sur la préservation et la gestion de cette ressource. En outre, les caractérisations agromorphologique et moléculaire sont utiles pour la mise en place d'une collection noyau pour d'éventuels travaux sur l'amélioration variétale du niébé et de disposer d'une base de données scientifiques pour une gestion rationnelle de cette ressource.

La présente étude a pour objectif général de contribuer à la sauvegarde des variétés de niébé [*Vigna unguiculata* (L.) Walp.] au Togo. De façon spécifique, l'étude vise à :

-documenter les connaissances endogènes relatives à la production du niébé,
-déterminer l'étendue de la diversité variétale du niébé,
-évaluer la diversité des variétés de niébé par des approches phénotypiques et moléculaires.

Les hypothèses de travail sont les suivantes :

-il existe des techniques paysannes de préservation et de conservation des variétés locales de niébé,
-le niébé cultivé au Togo révèle une forte diversité variétale,
-il existe dans les différentes régions du Togo des variétés locales de niébé menacées de disparition,

-les variétés de niébé sont caractérisées par une structuration de la diversité agromorphologique différente de celle de la diversité génétique.

Le document est structuré en cinq chapitres :

-le premier chapitre est consacré à la revue de la littérature, qui fait l'état des lieux des travaux relatifs au sujet traité ;
-le deuxième chapitre, aborde les contraintes de production, les critères de préférence des producteurs et la diversité des variétés de niébé ;
-le troisième chapitre traite des pratiques paysannes et des stratégies de conservation du niébé ;
-le quatrième est consacré à la caractérisation agromorphologique des variétés de niébé ;
-le cinquième chapitre aborde la caractérisation génétique des variétés de niébé.

1
REVUE DE LA LITTERATURE

1.1. Présentation générale des légumineuses

La famille des légumineuses est très diverse avec trois sous-familles (Mimosoideae, Caesalpinioideae et Papilionoideae) qui comptent environ 20000 espèces (Klitgaard et Bruneau, 2003). La sous famille des Papilionoideae regroupe les espèces cultivées les plus économiquement importantes : le soja (*Glycine max* (L.) Merr., $2n = 4x = 40$), le niébé (*Vigna unguiculata* (L.) Walp., $2n = 2x = 22$), le petit pois ou pois cassé (*Pisum sativum* L., $2n = 2x = 14$), la luzerne (*Medicago sativa* L., $2n = 4x = 32$), l'arachide (*Arachis hypogaea* L., $2n = 4x = 40$), le pois chiche (*Cicer arietinum* L., $2n = 2x = 16$), et la fève (*Vicia faba* L., $2n = 2x = 16$).

Originaires d'Afrique, de Chine, d'Indonésie, d'Europe, d'Amérique du Sud et cultivées depuis plus de 6000 ans, les Fabaceae représentent une part importante de l'alimentation de l'humanité. Les légumineuses fournissent le plus grand nombre d'espèces utiles à l'homme, qu'elles soient alimentaires, industrielles ou médicinales. Cette famille inclut plus de 751 genres et 19500 espèces (Lewis *et al.*, 2005) comprennant des plantes herbacées, des arbres et des arbustes, à feuilles habituellement composées, rarement simples. Beaucoup sont grimpantes et possèdent des feuilles ou des parties de feuilles modifiées en vrilles. Les fleurs, pentamères avec dix étamines ou parfois plus, caractéristiques, ressemblent souvent à des papillons (Wathman, 1967).

Les légumineuses à graines étaient parmi les premières espèces domestiquées dont certains restes archéologiques vieux d'environ 12000 ans sont encore retrouvés pour les plus anciens. Les écrits issus de la Rome antique rapportent de nombreux témoignages de l'utilisation des légumineuses à graines dans les rations alimentaires, qu'il s'agisse des fèves, de la lentille ou du pois (Duc *et al.*, 2010). Leur importance alimentaire est due au fait qu'elles contiennent des concentrations élevées de protéines (deux à trois fois plus que la plupart des céréales) et de calories. De plus, elles contiennent une grande quantité de minéraux essentiels comme le calcium et le fer.

Les plantes de la famille des Fabaceae suivent en importance celles de la famille des Poaceae, non seulement pour leur contribution à l'alimentation humaine, mais aussi pour leur impact sur les systèmes de culture dans toutes les régions du monde. En plus, elles sont des plantes annuelles dont les gousses produisent une à 12 graines de formes et de couleurs variables. Elles sont utilisées en alimentation humaine et en alimentation animale (Hejjaoui, 2013). Les légumineuses sont consommées essentiellement dans les pays en développement, qui absorbent environ 90 % de la production mondiale destinée à l'alimentation humaine. Dans de nombreux pays pauvres, les légumineuses apportent environ 10 % des protéines et 5 % de l'énergie dont la population a besoin (Hejjaoui, 2013).

1.2. Présentation générale du niébé

1.2.1. Classification

Le niébé [*Vigna unguiculata* (L.) Walp.] est une espèce dicotylédone appartenant à l'ordre des Fabales, à la famille des Fabaceae, à la sous-famille des Faboideae, à la tribu des Phaseoleae, au genre *Vigna* et à la section Casting (Verdcourt, 1970 ; Marechal *et al.*, 1978). L'espèce *Vigna unguiculata* L. Walp. contient 22 chromosomes (2n = 2x = 22). Le genre *Vigna* est relativement hétérogène (Verdcourt, 1970). Il contient plusieurs espèces importantes cultivées incluant *Vigna unguiculata* et *Vigna subterranea* (L.) Verdc. en Afrique, *V. mungo* (L.) Hepp, *Vigna radiata* (L.) Wilczek, *Vigna aconitifolia* (Jacq.) Marechal, *Vigna angularis* (Wild.) Ohwi et Ohashi et *Vigna umbellate* (Thunb.) Ohwi & Ohashi en Asie. Le niébé est considéré comme l'espèce la plus économiquement importante à travers le monde (Ng et Padulosi, 1991).

Le niébé se caractérise par une très grande variabilité, il se compose de formes cultivées, c'est-à-dire *Vigna unguiculata ssp. unguiculata* var. *unguiculata*, de formes sauvages annuelles, c'est-à-dire *unguiculata* var. *spontanea* (Schweif.) et de dix sous-espèces pérennes sauvages (Pasquet, 1997). Cette classification a été établie sur la base de résultats obtenus à partir d'analyses morphologiques (Padulosi, 1993), enzymatiques (Panella et Gepts, 1992 ; Pasquet 1999) et moléculaires ADNcp (Vaillancourt et Weeden, 1992). La forme spontanée annuelle var. *spontanea* est considérée comme le géniteur des formes cultivées du niébé (Pasquet, 1999).

Les formes cultivées de *Vigna unguiculata* sont regroupées dans la variété unguiculata de la sous-espèce *unguiculata* (Ghalmi, 2011). Plusieurs approches ont été adoptées pour la taxonomie des formes cultivées ; la première conception la plus classique est celle développée par Piper (1912) qui a classé en rangs d'espèces les trois groupes identifiés sur la base des caractères des graines et des gousses par Linné (1763). Une autre approche de Chevalier (1944) prend en considération le nombre de graines par gousse, qui constitue une différence importante par rapport à la classification de Piper (1912). Chevalier (1944) a divisé le niébé ouest africain en deux sous espèces suivant le nombre de graines par gousse.

L'approche proposée par Westphal (1974), qui consiste à utiliser le rang de cultigroupe (cv-gr). Chaque cultigroupe désigne un ensemble de cultivars ayant certains caractères en commun. Cette approche est actuellement celle qui est couramment utilisée. Ng et Marechal (1985) reconnaissent quatre cultigroupes : Unguiculata, Biflora, Sesquipedakis et Textilis ajouté plus tard. Ce dernier est cultivé au Nigéria pour la qualité de ses fibres obtenues à partir des pédoncules. Pasquet (1998) a mis en évidence un nouveau cultigroupe « Melanophthalmus « autrefois confondu avec cv-gr Unguiculata.

Actuellement, cinq groupes sont considérés au sein des formes cultivées :

> - **Cv-gr Unguiculata** (Westphal, 1974) cultivar photo-indépendant, essentiellement rencontré en Asie et en Afrique australe (Pasquet, 1998). Il possède des gousses pendantes de 13 à 30 cm de longueur, un tégument des graines épais et brillant et un nombre d'ovules élevé, avec parfois plus de 16 ovules par gousse (Pasquet et Baudoin, 2001). Les fleurs et les graines sont souvent colorées (Pasquet 2000) ;
> - **Cv-gr Melanophthalmus** (Pasquet, 1998) cultivar photosensible à nombre d'ovules faible (inférieur à 17) et un tégument des graines fin et souvent ridé, cultigroupe surtout ouestafricain, rencontré aussi dans le bassin méditerranéen et aux Etats-Unis. Il comporte des fleurs et des graines partiellement blanches. Ce cultigroupe est capable de fleurir rapidement en condition de jours courts (Pasquet, 1998 et 2000) ;

- **Cv-gr Biflora** (Westphal, 1974) cultivar photosensible à nombre d'ovules faible et tégument des graines épais et lisse ; c'est sans doute le cultigroupe ancestral, rencontré partout en Afrique. Les fleurs et les graines sont souvent colorées, avec moins de 17 ovules par gousse (Pasquet, 1998 et 2000). Ce cultigroupe est capable de fleurir rapidement en condition de jours courts (Pasquet, 2000) ;
- **Cv-gr Sesquipédalis** qui rassemble les formes à très longues gousses (haricot-kilomètre du Sud-Est asiatique). Les gousses sont longues de plus de 30 cm, et les graines sont réniformes et espacées au sein de la gousse qui comporte plus de 17 ovules. Ce cultigroupe est originaire de l'Est du continent asiatique et largement cultivé dans le Sud-Est de l'Asie (Pasquet, 1998 et 2000) ;
- **Cv-gr Textilis** cultivars photo-sensibles à longs pédoncules floraux d'environ 40 cm à 1 m et originaire d'Afrique de l'Ouest (Pasquet, 1998).

1.2.2. Origine

Le niébé, *Vigna unguiculata* (L.) est une des plus anciennes plantes du Néolithique (Chevalier, 1944). Du fait de l'absence de preuves archéologiques, différentes théories sur le centre d'origine de l'espèce ont été formulées sur la base du degré de diversité observé entre les différents taxons de l'espèce et en fonction de l'aire de distribution des hypothétiques formes spontanées génitrices des formes cultivées (Padulosi, 1993). La première référence écrite mentionnant le niébé a été faite par Théophraste en 300 avant Jésus-Christ (Chevalier, 1944). Les Grecs ont obtenu les graines du niébé, à partir des populations d'Afrique du Nord, qui ont eux-mêmes connu la plante à travers leur contact avec les Arabes (Chevalier, 1944). Purseglove (1976) rapporte que le niébé était connu en Europe depuis 300 ans avant Jésus-Christ. Il émet l'hypothèse d'une introduction de la plante en Europe à partir du Sud-Est asiatique où elle a été précédemment introduite environ 2300 ans avant Jésus-Christ.

Dans le Bassin méditerranéen, notamment, dans les régions du Sud de l'Italie, le niébé et le haricot commun sont souvent considérés par les fermiers locaux comme étant la même plante, au point que même aujourd'hui, ils sèment ces deux plantes en culture mixte dans les jardins potagers (Padulosi *et al.*, 1987).

L'origine précise de la culture du niébé a été un sujet de spéculations et de discussions depuis de nombreuses années. L'origine africaine du niébé fut proposée très tôt par Piper (1912), ce qui n'est jusque-là pas remis en cause dans la mesure où, à l'exception du Yemen, il n'existe pas de formes spontanées de *Vigna unguiculata* hors d'Afrique (Pasquet, 1994). Mais le consensus s'arrête là et plusieurs hypothèses de domestication ont été formulées.

1.2.3. Centres de diversité et de domestication

Selon certains auteurs, l'Afrique de l'Ouest est le centre de domestication. Pour Chevalier (1944), le niébé a sans doute pris naissance dans la zone saharo-soudanienne, allant de l'Atlantique au cœur de l'Inde britannique et fut, à l'origine, une mauvaise herbe vivant dans les champs de sorgho, de mil pénicillaire ou de riz du Niger. Mais il précise qu'il n'est pas impossible que les peuplades primitives de l'intérieur de l'Afrique n'aient pas découvert elles-mêmes la culture de cette plante puisque diverses formes sauvages existent chez eux. Seule la variété à gousses courtes légèrement arquées et à graines assez grosses réniformes, blanches, très chagrinées, à hile bordé de noir, aujourd'hui disséminée chez toutes les peuplades de l'Afrique noire, aurait été répandue par les caravanes islamisées ; au contraire les formes à petites graines, subsphériques, noires, grises ou rousses, restées très proches des formes sauvages auraient été mises en culture sur place (Pasquet, 1994). Selon Faris (1963), pour des raisons ethno-historiques, voyait que le niébé domestiqué sur la boucle du Niger, a ensuite proposé l'Afrique de l'Ouest comme centre d'origine et centre de domestication. A l'époque, il ne connaissait pas de formes sauvages ailleurs et reconnaissait une plus grande diversité des formes cultivées en Afrique de l'Ouest. Rawal (1975) avait proposé comme centre de domestication l'Afrique de l'Ouest au vu du complexe sauvage-adventice-cultivé du Nigeria. Vaillancourt et Weeden (1992) ont proposé le Nigeria, au vu des résultats de leur analyse de la variabilité de l'ADN chloroplastique. Mais le faible nombre d'échantillons étudiés fragilise leur argumentation (Pasquet, 1994 ; Ghalmi, 2011).

Baudoin et Marechal (1985) ont proposé l'Afrique de l'Est et du Sud comme centres de diversité primaire, et l'Afrique de l'Ouest et Centrale comme centres de diversité secondaire. Ces chercheurs ont également proposé l'Asie comme un troisième centre de diversité. Des études plus récentes indiquent que la plus grande diversité des formes sauvages primitives du niébé se trouve dans le continent africain dans les pays comme la Namibie, le Botswana, la Zambie, le Zimbabwe, le Mozambique, le Swaziland et l'Afrique du Sud (Padulosi, 1993 ; Padulosi *et al.*, 1990). Padulosi et Ng (1997) ont proposé l'Afrique du

Sud comme centre d'origine du niébé avec le passage des formes primitives à d'autres parties de l'Afrique du Sud et de l'Est, et par la suite en Afrique de l'Ouest et en Asie. La sélection humaine de graines de plus grandes tailles et d'un meilleur habitus de croissance à partir de la variabilité naturelle des formes sauvages de niébé a permis de domestiquer et de mettre en place divers cultigroupes en Asie et en Afrique (Steele, 1976 ; Ba et al., 2004 ; Ghalmi, 2011).

Pasquet (1994) a considèré le Nord-Est de l'Afrique comme un éventuel centre de domestication du niébé. Cette hypothèse est également partagée par Coulibaly et al. (2002) se basant sur les données des marqueurs moléculaires AFLP, montrent que la diversité génétique est plus grande chez les formes spontanées originaires de l'Est de l'Afrique que chez celles de l'Ouest. Ba et al. (2004) s'appuyant sur les résultats de RAPD, ont confirmé également l'origine est-africaine du niébé. Ces résultats méritent, cependant, d'être consolidés en analysant un nombre plus élevé d'accessions originaires de l'Est et du Nord-Est de l'Afrique.

1.2.4. Description morphologique du niébé

1.2.4.1. Appareil végétatif

Le niébé, *Vigna unguiculata* (L.) Walp. est une herbacée morphologiquement proche du haricot, et appartient comme celui-ci à la superfamille des Fabaceae (Figure 1). C'est une herbacée annuelle vigoureuse, autogame à port variable, buissonnant, érigé, prostré, rampant, voire volubile selon les variétés.

La germination du niébé est épigée. Les deux premières feuilles sont opposées, sessiles et entières. Les feuilles sont ensuite alternes, pétiolées, trifoliolées. Outre les feuilles, chaque nœud de la tige porte trois bourgeons axillaires et deux stipules prolongées, caractéristique de l'espèce. Le niébé possède des feuilles ovales à cordiformes. L'appareil racinaire est composé d'une racine pivotante et de racines latérales portant des nodosités fixatrices d'azote atmosphérique (Fery, 1985).

1.2.4.2. Fleur et fruit

Le niébé présente des inflorescences en grappe. Les fleurs peuvent être de couleur blanche, jaunâtre, bleue, rose et violette. Le calice est composé de cinq

Figure 1: *partie aérienne du niébé (Vigna unguiculata (L.) Walp.)*

sépales soudés en un tube et la corolle composée de cinq pétales papillonnacés : l'étendard (pétale supérieur), les ailes (les deux pétales latéraux) et le carène (les deux pétales inférieurs soudés). L'androcée est diadelphe, l'ovaire est entouré par les neuf étamines soudées, avec le style et les stigmates terminaux ; il est unicarpellé et pluriovulé (Rachie, 1985).

La gousse est le fruit du niébé et sa longueur varie entre 2,5 et 17 cm. Elle peut être cylindrique, ou plus ou moins aplatie suivant les variétés (Fery, 1985). La gousse est indéhiscente à maturité et présente deux sutures, l'une ventrale (suture principale) et l'autre dorsale (suture secondaire). Les gousses de niébé sont dressées par paire, formant un V. Les graines se développant à l'intérieur des loges et sont séparées par des cloisons de tissus lâches ou septa. Ce lien physique entre gousse et graine permet un enrichissement de cette dernière lors de la maturité par transfert d'éléments nutritifs provenant de la gousse. La graine du niébé est dicotylédone et réniforme. Elle est selon les variétés, colorée ou partiellement blanche, grosse, moyenne ou petite. La nature du tégument de la graine est une caractéristique aussi importante que sa coloration et sa forme. En effet deux types de tégument sont notés, l'un épais, lisse et plus ou moins brillant et l'autre mince ridé et mat (Fery, 1985).

1.2.5. Ecologie

Le niébé est une plante herbacée tropicale thermophile puisqu'il se développe dans les conditions de chaleur et de luminosité intense. Il requiert tout au long de son développement une température oscillant entre 25 et 28°C et une pluviométrie de 750 mm à 1000 mm (Craufurd *et al.*, 1997). Le niébé vit bien dans les sols profonds et bien drainés et est tolérant à la sécheresse ainsi qu'à la salinité du sol. Il peut se développer sous des conditions environnementales variées et sur des sols pauvres en azote. Il peut être cultivé soit seul, soit en association avec d'autres cultures. En Afrique subsaharienne, le niébé est généralement planté comme culture pluviale, mais en Asie il dépend parfois de l'eau résiduelle après une culture de riz irrigué (Madamba *et al.*, 2006).

1.2.6. Principales caractéristiques morphologiques et physiologiques du niébé

1.2.6.1. Caractéristiques morphologiques

Le niébé est une plante herbacée annuelle ou vivace, grimpante ou plus ou moins érigée, cultivée comme annuelle. La racine pivotante est en général bien développée (Mulongoy, 1985). Les formes cultivées se distinguent des formes sauvages par des gousses non déhiscentes, des graines et des gousses de taille plus importante et par des graines non dormantes (Lush et Evans, 1981). Les dates de floraison et de maturité sont des aspects adaptatifs importants dans les cultures annuelles notamment chez le niébé. La date de floraison plus spécifiquement détermine la période de récolte (Roberts *et al.*, 1993). Les caractéristiques des graines et des gousses sont très diversifiées chez les formes cultivées (Pasquet et Baudoin, 1997). La nature du tégument constitue également une caractéristique importante de la graine. Il existe en effet deux types de tégument : l'un épais, lisse et plus ou moins brillant et l'autre mince, ridé et mat. Ces 2 types semblent déterminés par au moins deux gènes ; le phénotype à tégument lisse étant dominant (Fery, 1985). Outre ces caractères liés à la domestication et quelques caractères mineurs, la forme des feuilles, la pigmentation anthocyanique des entre-nœuds, la longueur du pédoncule floral, la photosensibilité et la morphologie des graines et des gousses sont les principaux facteurs de variabilité chez les formes cultivées (Pasquet et Baudoin, 1997).

1.2.6.2. Caractéristiques physiologiques

1.2.6.2.1. Sensibilité à la photopériode

Le premier facteur de diversité concerne la sensibilité à la photopériode. Le niébé est une plante de jours courts, même si un certain nombre de cultivars sont photoindépendants. Cette photosensibilité permet une adaptation aux conditions locales assez fines et, en Afrique de l'Ouest, les cultivars traditionnels se trouvent être synchronisés pour commencer à fleurir à la fin des pluies en un lieu donné (Pasquet, 1994). Mais le phénomène est en fait plus complexe dès lors que l'initiation des bougeons reproducteurs du démarrage de la floraison proprement dite est distinguée (Lush et Evans, 1981). La photosensibilité serait déterminée par un seul gène et la photoindépendance serait récessive (Sène, 1967). En revanche, d'après Ishiyaku *et al.* (2005), la photopériode est le facteur environnemental le plus important qui influe sur la date de floraison chez le niébé comme pour la plupart des espèces végétales.

1.2.6.2.2. Mode de reproduction et biologie florale

Les formes cultivées de niébé sont autogames (Sène, 1965). Leurs fleurs se referment dans la matinée et la déhiscence de leurs anthères se produit plusieurs heures avant que les fleurs ne s'ouvrent, en général à la fin de la nuit (Pasquet, 1994). La fleur de *Vigna unguiculata* (L.) Walp. est hermaphrodite. L'unisexualité, en particulier la dioécie, est assez rare chez les Papilionaceae alors que l'apomixie est presque absente chez les légumineuses, à l'exception d'une section du genre Cassia (Arroyo, 1981). L'inflorescence du niébé est pourvue de nectaires extra-floraux, qui attirent en particulier des fourmis, qui assureraient un rôle de protection mais n'interviendraient pas dans la pollinisation. La pollinisation est assurée par les abeilles (Arroyo, 1981). Dans la fleur, l'étendard a un rôle essentiellement attractif et il porte à sa base un guide coloré. La carène protège la colonne staminale et le style ; avec les ailes, ils forment la plate-forme d'atterrissage du pollinisateur. Les nectaires sont situés sur le réceptacle de l'ovule et le nectar s'accumule au fond du calice. Le style est pourvu d'une ligne de poils qui dirige le pollen vers l'extérieur (Arroyo, 1981). Le stigmate est subterminal et bien démarqué du style chez *Vigna*

(Marechal *et al.*, 1978). Ce stigmate est humide. Des sécrétions remplissent les espaces intercellulaires du stigmate et s'accumulent sous la cuticule, qui se rompt avant l'anthèse. Cette humidité est nécessaire à une bonne germination du pollen. Le style est creux. Les cellules glanduleuses du stigmate convergent à la base pour constituer le tissu transmetteur formé de cellules sécrétrices avec des espaces intercellulaires de plus en plus grands au fur et à mesure de l'éloignement du stigmate. Ce tissu transmetteur se prolonge dans le style à des longueurs variables suivant les espèces, 4-5 mm chez le niébé (Ghosh et Shivanna, 1982 ; Pasquet, 1994).

1.2.7. Importance et utilisation

1.2.7.1. *Importance agronomique*

Le niébé est important dans les systèmes agricoles des terres semi-arides en raison de sa capacité à fixer l'azote de l'atmosphère et à résister à des conditions climatiques difficiles comme la chaleur et la sécheresse (Hall *et al.*, 2002). Un hectare de niébé peut apporter au sol environ 40-80 kg d'azote (Quin, 1997). Grâce à sa capacité de fixation symbiotique de l'azote atmosphérique, l'insertion du niébé dans les rotations culturales permet de combler les besoins en engrais azoté des cultures subséquentes (Bationo *et al.*, 1990). Selon Cissé et Hall (2004), l'intérêt du niébé réside dans :

- son adaptation à la sécheresse du fait que c'est une plante à cycle très court,
- sa tolérance aux températures élevées durant le stade végétatif,
- son adaptation à une large gamme de pH (4,5-9,0),
- son bon comportement sous l'ombrage,
- sa croissance végétative rapide,
- son usage multiple comme légume vert (feuilles et gousses) ou graines sèches et fourrage.

1.2.7.2. *Importance économique*

Le niébé constitue une importante source de revenu pour les producteurs. Il rapporte des devises aux pays producteurs après exportation vers les pays où la demande est forte. Ainsi, selon Muleba *et al.* (1997), le Burkina Faso en 1994 et 1995 a respectivement exporté 7548 et 5709 tonnes de niébé correspondant à des recettes d'exportation de 617 et 494 millions de franc CFA. Selon Ouedraogo (2000), la culture du niébé permet la réduction du déficit de la balance commerciale et l'amélioration des conditions de vie des paysans. De plus, le niébé est très rémunérateur pour le paysan car son prix est deux fois plus élevé que celui des céréales, ce qui permet au paysan de satisfaire ses besoins et de s'acquitter de ses obligations (Moné, 2008). Enfin selon Dabiré (2001), l'amélioration de la nutrition des animaux avec les fanes de niébé augmente les capacités de production et d'exportation de viande de bétail, ce qui contribue indirectement à améliorer la balance commerciale des pays sahéliens.

1.2.7.3. Importance thérapeutique

Le niébé est utilisé pour soigner beaucoup de maladies. Ainsi, les gousses vides permettent de guérir la goutte, le diabète, certaines formes d'obésité, les calculs rénaux, les maladies de la prostate. Elles sont également utilisées comme contraceptif pour l'espacement des naissances. Les fleurs soulagent les patients atteints de coliques néphrétiques. Enfin, les feuilles et les graines sont utilisées dans le soin des otites, des abcès, de panaris, des enflures et du ver de Guinée (Moné, 2008).

1.2.7.4. Importance alimentaire

Le niébé, *Vigna unguiculata* (L.) Walp., est l'une des principales légumineuses alimentaires mondiales. Dans les pays tropicaux, le niébé fournit plus de la moitié des protéines consommées et joue un rôle clé dans l'alimentation (Pasquet et Baudoin 1997). Le niébé a une valeur nutritionnelle supérieure à celle de la plupart des céréales (mil, maïs sorgho, riz) (Manfoumbi, 2000). Son taux élevé de protéines (environ 25 %) (Tableau 1) et l'excellente qualité de cette substance, font que le niébé joue un rôle important dans l'équilibre nutritionnel des populations rurales et plus particulièrement dans la lutte contre la déficience protéique chez les enfants (Manfoumbi, 2000). Le foin du niébé est une source importante de fourrage pour le bétail et joue un rôle particulièrement important dans l'alimentation des animaux pendant la saison sèche dans de nombreuses régions d'Afrique de l'Ouest (Tarawali *et al.*, 1997).

Tableau 1: Composition chimique de la graine de niébé

Composition	Teneur (%)
Protéines	22-24
Lipides	1,24
Carbohydrates	56-66
Eau	11
Phosphore	0,146
Calcium	0,076-0,104
Fer	0,005

Sources : Nacoulma-Ouedraogo 1996

1.2.8. Contraintes à la production du niébé

1.2.8.1. Contraintes abiotiques

Les deux contraintes abiotiques les plus importantes sont la sécheresse et la chaleur excessive même si le niébé est relativement bien adapté à ces deux contraintes. La culture du niébé est également affectée dans les zones sahéliennes de l'Afrique de l'Ouest par des températures nocturnes pouvant excéder parfois 20°C (Nielsen et Hall, 1985). En effet, les températures nocturnes élevées combinées aux jours longs peuvent entraîner l'arrêt du développement des boutons floraux et retarder la floraison. Ces températures peuvent perturber la microsporogénèse et conduire à une réduction de la fertilité pollinique, du taux d'obtention de gousses et du nombre de graines par gousse entraînant ainsi une baisse substantielle du rendement (Ehlers et Hall, 1996 ; Ghalmi, 2011). Un déficit hydrique prolongé en début de floraison réduit fortement toutes les composantes du rendement (Aziadekey et al., 2014).

Le niébé est aussi très sensible aux basses températures. Selon Craufurd et al. (1997), les températures nécessaires pour les différentes phases de développement de la plante du niébé varient de 7°C à l'apparition des feuilles à 11°C pour la germination des graines. La culture du niébé est soumise à d'autres contraintes abiotiques qui limitent sa production en zones tropicales. Il s'agit, entre autres, de la carence en azote et en phosphore, l'acidité et la toxicité aluminique des sols (Pasquet et Baudoin, 1997).

La salinité est également, un facteur qui limite fortement la production du niébé dans certains endroits surtout lorsqu'elle intervient au premier stade végétatif (Wilson et al., 2006). En effet, des réductions de rendement de l'ordre de 50 % sont parfois observées à cause de la concentration élevée de sel dans le sol (Flowers et Yeo, 1995).

1.2.8.2. Contraintes biotiques

Les attaques des insectes constituent la contrainte majeure à la production du niébé sous les tropiques et particulièrement en Afrique tropicale où elles provoquent, parfois des pertes totales de rendement (Karungi *et al.*, 2000). Le niébé est attaqué et endommagé par des insectes nuisibles de la plantation jusqu'au stockage. Cependant, la phase la plus critique de l'attaque des insectes est la période entre la floraison et le développement des gousses et pendant la phase de stockage. Les insectes de la pré-floraison regroupent essentiellement les Homoptères piqueurs-suceurs de sève, dont les Jassidae (*Empoasca spp*) et les Aphidae (*Aphis spp*). Ces insectes envahissent les plants de niébé en début du cycle de croissance (Zakaria, 2009). A cela s'ajoutent aussi les Coléoptères du feuillage, représentés par les Chrysomelidae (*Medythia quaterna* (Fairmaire) et *Ootheca mutabulis* (Sahlberg)) dont les adultes sont d'excellents vecteurs du virus de la mosaïque jaune du niébé (Singh et Jackai, 1985). Les larves de Lépidoptères consommatrices de feuilles représentées par des Noctuidae, causent aussi de sérieux dégâts aux tiges tendres, aux pédoncules et aux feuilles. Les Thysanoptères du feuillage représentés par les Thripidae (*Sericothrips occipitalis* Hood) peuvent provoquer des nécroses et une déformation des feuilles (Kpatinvoh *et al.*, 2016).

Entre la floraison et la postfloraison, des insectes tels que des Thysanoptères des fleurs, représentés par les Thripidae (*Megalurothrips sjostedti* Trybom) entraînent la perte des fleurs (Singh et Van Emeden, 1979), des Coléoptères des fleurs dont principalement les Meloïdae (*Mylabris spp*, *Mylabris biparta* Fabricius) dévorent les fleurs de niébé (Singh et Van Emeden, 1979). Les foreuses de gousses, regroupent les larves de Lépidoptères (*Maruca vitrata* Fabricius) et des punaises suceuses de gousses dont *Clavigralla tomentosicollis* Stal (Dabiré, 2001 ; Kpatinvoh *et al.*, 2016).

Les pertes post-récolte du niébé se produisent essentiellement en raison de problèmes d'insectes et de champignons, car les stratégies post-récolte appropriées, qui permettraient aux agriculteurs de bénéficier de rendements agricoles accrus, font défaut au niveau de l'exploitation. Un exemple classique est la perte de la qualité des grains de niébé due à une infestation par les bruches, ce qui contraint les agriculteurs à vendre leurs grains de peu après la récolte quand l'offre est abondante et les prix bas (Sanguiga et Bergvinson, 2015).

En Afrique de l'Ouest, les insectes qui attaquent les graines de niébé à la post récolte sont essentiellement constitués des bruches (Alzouma, 1987 ; Ouédraogo, 1991). Les infestations des gousses par les déprédateurs ont lieu en cours de culture, mais le développement des larves dans les cotylédons des graines se poursuit pendant la phase de stockage (Glitho, 1990). Face à l'étendue de leurs attaques et les conséquences sur la qualité du niébé, ces déprédateurs constituent sans doute l'une des contraintes majeures au développement de la culture des légumineuses à graines dont le niébé. En effet, des études réalisées dans plusieurs pays d'Afrique Soudano-sahélienne, montrent qu'au niveau des villages, la plupart des récoltes de niébé sont détruites par les bruches après quelques mois de stockage. L'ampleur des dégâts occasionnés par *Callosobruchus maculatus* Fabricius est fonction du niveau d'infestation initiale, de la durée et des techniques de stockage (Seck, 1992). Par exemple, le Nigéria qui représente l'un des plus grands pays producteurs de niébé, enregistre chaque année des pertes post-récolte, estimées à environ 4,5 % de la production annuelle, soit l'équivalent de plus de 30 millions de dollars (Singh et Singh, 1992 ; Kpatinvoh *et al.*, 2016). Les dégâts causés par les bruches sont variés et incluent les pertes quantitatives (perte de poids) et qualitatives (perforations, déjections d'insectes et réduction du pouvoir germinatif).

Le niébé souffre des dommages de deux parasites qui sont *Striga gesneroides* (Willd.) Vatke et *Alectra vogellii* Benth. (Singh, 1997). La distribution de *Striga gesnerioides* (Willd.) Vatke est très répandue, elle s'étend de l'Afrique subsaharienne aux USA et couvre une partie de l'Asie, tandis que *Alectra vogellii* Benth. n'est présent qu'en Afrique. Ces deux espèces sont des hémi parasites de plantes, utilisant le système racinaire de la plante hôte pour puiser des éléments essentiels à leur survie. Elles causent des dégâts aux cultures de niébé, en réduisant de façon substantielle les rendements (Ghalmi, 2011). *Striga gesnerioides* (Willd.) Vatke est l'espèce qui se caractérise par l'incidence économique la plus sévère en Afrique surtout dans les zones semi-arides et les pertes de récoltes sont estimées à plus de 200 millions de dollars US en Afrique de l'Ouest et du Centrale (Sanguiga et Bergvinson, 2015).

1.2.9. Place du niébé dans le monde

Selon la FAO, le niébé est cultivé sur au moins 11,3 millions d'hectares à travers le monde pour une production de 5,7 millions de tonnes avec 95 % produit en Afrique. Bien que le niébé soit cultivé partout sous les tropiques, en Afrique de l'Ouest et du Centre, 64 % (9,2 millions d'hectares) des superficies sont consacrées à la culture du niébé, suivies de l'Amérique du Sud et du Centre dont 2,4 millions d'hectares sont employés dans la culture du niébé, 1,3 million d'hectares en Asie et seulement 0,8 million d'hectare pour l'Afrique du Sud et de l'Est. Une part substantielle de production du niébé de l'Afrique de l'Ouest et du Centre provient des régions sèches du Nord du Nigéria (environ 3,2 millions d'hectares pour 2,5 millions de tonnes), et du Sud du Niger (environ 4,7 millions d'hectare pour 1,3 million de tonnes) (FAOSTAT, 2015 ; Ibitoye, 2015).

1.2.10. Aperçu de l'agriculture togolaise

L'agriculture est le moteur du développement économique et social du Togo, au regard du nombre d'emplois qu'elle génère. Elle occupe environ 54 % de la population active. Sa contribution est importante à la formation de la richesse nationale du pays (environ 40 %) (MAEP, 2013). Cette proportion importante de paysans n'exploite que 11 des 60% des terres cultivables (MAEP, 2007), ce qui engendre un mode d'exploitation familiale caractérisé par la modicité des parcelles. Plus de 46 % des exploitations ont moins de 2 ha ; 36,5 % entre 2 et 5 ha, 16,9 % plus de 5 ha (DSID, 2005 ; MAEP, 2007). Par ailleurs, un agriculteur exploite en moyenne 0,48 ha et doit nourrir cinq personnes (MAEP, 2007). La paupérisation des ruraux a entraîné la surexploitation des terres avec la disparition de la jachère dans les régions à forte densité de population rurale, et à faible productivité par surface et par actif agricole. Les principales spéculations agricoles sont constituées des céréales (maïs, sorgho, mil et riz), des légumineuses (arachide et niébé), des tubercules (igname et manioc) et des spéculations à vocation d'exportation (café, cacao et coton).

1.2.10.1. Place du niébé dans l'agriculture togolaise

Deuxième culture après les céréales, les légumineuses à graines sont cultivées par 85,1 % des ménages agricoles au Togo. Parmi ces légumineuses, le niébé est la plus répandue (67,8 %), suivi de l'arachide (50,2 %). Au plan national, en dehors du niébé et de l'arachide, la culture du soja occupe une place de plus en plus importante ces dernières années. Elle arrive en effet en troisième position avec 38 % des ménages qui la pratiquent devant le voandzou avec 26,6 %. Au plan régional, le niébé est la légumineuse la plus cultivée dans la région des Plateaux avec 79,2 %. Il représente 57,5 % dans la région Maritime, 69,7 % dans celle de la Kara, alors qu'il est un peu moins dans les Savanes (58,4 %). Par ailleurs, l'une des cultures de diversification les plus importantes dans le pays est le sésame qui est cultivé par 16,8% des ménages agricoles (MAEP, 2013). Le niébé est la troisième culture en termes de superficie cultivée consacrée aux vivriers (13 %) après le maïs (40 %) et le sorgho (14 %).

Au Togo, entre 1980 et 2013, la production de niébé est passée de 19630 tonnes à 104942 tonnes avec 132636 tonnes en 2012 (Figure 2). Plusieurs projets de développement axés essentiellement sur la vulgarisation de variétés améliorées ont été initiés par l'Institut Togolais de Recherche Agronomique (ITRA). Le dernier en cours d'exécution est domicilié à Sotouboua au Centre Nord du pays et vise à promouvoir plusieurs variétés en vue d'accroître la production domestique (Soule, 2002).

1.2.10.2. Système de culture du niébé au Togo

Le niébé se cultive souvent en association avec d'autres spéculations à cycle végétatif plus long. Dans les régions à climat soudanien qui correspond au Nord du Togo, le niébé se cultive en association avec le mil, le sorgho, le maïs et les ignames (variétés tardives) et parfois le manioc. Dans la région méridionale qui enregistre des hauteurs de précipitations comprises entre

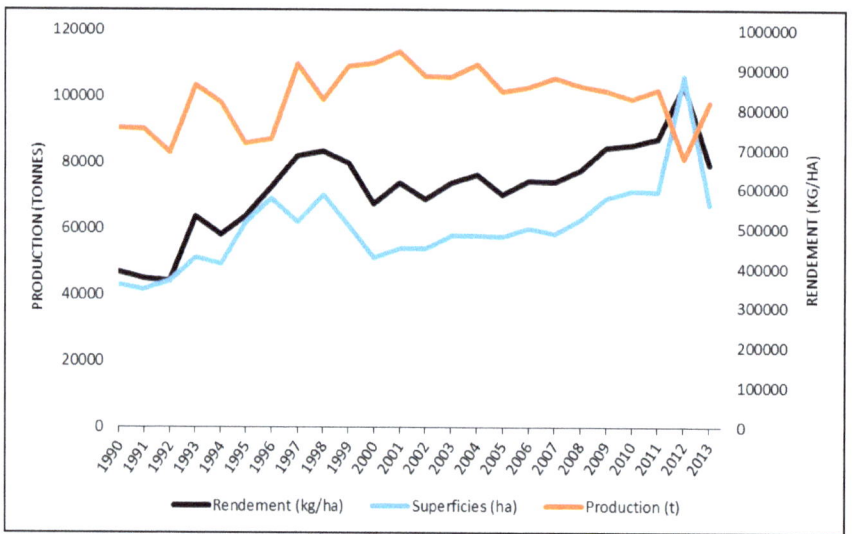

Figure 2 : *évolution de la surface cultivée, de la production et du rendement du niébé au Togo (1990-2013) (Source : FAOSTAT, 2017)*

1000 et 1200 mm, le système de culture du niébé revêt deux spécificités (Soule, 2002). Selon le même auteur, le niébé se cultive en association avec le manioc et le maïs au point de vue de l'agencement des spéculations sur les parcelles. La répartition bimodale du climat permet de distinguer trois systèmes de culture principaux du niébé à savoir :

- le niébé en monoculture, sans association avec une autre spéculation. Les statistiques montrent que ce système de production représente 10 à 15 % des surfaces consacrées au niébé avec de meilleurs rendements ;
- le niébé en culture principale avec d'autres spéculations intervenant en association. Ce système est très peu développé ;
- le niébé en culture secondaire, c'est la forme la plus rependue et elle représente près de 80% des superficies consacrées à la culture avec un rendement faible.

1.3. Diversité génétique du niébé

1.3.1. Définition et généralités sur la diversité génétique

La diversité génétique est l'étendue de la variabilité génétique mesurée à l'échelle d'un individu, d'une population, d'une métapopulation, d'une espèce ou d'un groupe d'espèces (Frankham *et al.*, 2002). La diversité est assurée par la variabilité génétique entre individus au sein de l'espèce. Elle exprime la propriété qu'ont les organismes d'acquérir par mutations et effets de la sélection naturelle des caractères nouveaux et différenciés. Grâce à cette variabilité, et dans les limites de l'espèce, les individus diffèrent les uns des autres par un ou plusieurs caractères. Elle a été générée au fil du temps sous la pression combinée de l'environnement, puis de l'homme (Mhiri et Grandbastien, 2004). L'estimation de la variabilité génétique est indispensable pour la gestion, la conservation (*in situ* et *ex situ*) et l'utilisation efficace des ressources phytogénétiques (Dje *et al.*, 2000). Dans les exploitations agricoles traditionnelles des régions tropicales, les variétés de niébé se présentent souvent comme des mosaïques de morphotypes, aux rendements faibles mais stables, et se distinguent par la forme, la dimension et la couleur de leurs graines et par leur habitus de croissance. Ces variétés ou mélanges de variétés locales résultent en fait d'une longue sélection empirique, régulièrement redynamisée par les paysans ne disposant pas d'intrants (Pasquet et Baudoin, 1997). La perte de la diversité génétique est une préoccupation majeure dans la conservation. Les paramètres de base les plus utilisés dans l'étude de la diversité génétique d'une population sont : la fréquence allélique, le pourcentage de loci polymorphes, l'hétérozygotie attendue, l'hétérozygotie observée, le contenu d'information génétique et l'indice de fixation.

La fréquence allélique est le paramètre de base caractérisant une population, elle est d'une grande importance dans le processus d'évolution (Hamrick et Godt, 1997), puisque les changements génétiques d'une population sont habituellement décrits par des changements des fréquences alléliques.

Les indices d'hétérozygotie représentent la proportion d'hétérozygotes au sein de sous populations ou de la population totale. L'indice He représente l'hétérozygotie attendue pour une population en panmixie. C'est la probabilité que 2 individus choisis (quatre allèles, deux copies des gènes de deux individus) aléatoirement dans une population aient des allèles différents d'un locus donné. Il est estimé à partir des fréquences alléliques (Nei, 1973). L'indice Ho représente l'hétérozygotie observée et est mesuré à partir des analyses génotypiques. En comparant ces deux indices il est possible de déduire l'impact des forces évolutives dans les populations, dues à l'autofécondation ou à l'autogamie.

Le contenu d'information polymorphique ou l'indice de polymorphisme des loci (PIC) renseigne sur le polymorphisme des marqueurs. Le PIC se rapporte à la valeur d'un marqueur pour détecter le polymorphisme dans une population. Il dépend du nombre d'allèles discernables et de la distribution de leur fréquence. Les valeurs de PIC vont de 0 (monomorphe) à 1 (hautement discriminant). Selon Botstein *et al.* (1980), le pouvoir informatif ou discriminatoire des marqueurs peut être défini comme étant élevé pour des valeurs de PIC supérieures ou égales à 0,50 ; modéré pour des valeurs variant entre 0,25 et 0,50 ; et faible ou légèrement informatif pour des valeurs inférieures à 0,25.

Le nombre de loci polymorphes est en rapport avec le nombre total de locus étudiés. Une population est dite polymorphe à un locus si la fréquence de l'allèle le plus commun à ce locus est inférieure à un seuil arbitrairement choisi, généralement 0,99 ou 0,95, ce seuil est le plus souvent en relation avec la taille de l'échantillon. Ainsi pour une population dont la taille est supérieure ou égale à 100, le seuil de 0,99 peut être utilisé. L'utilité de ce paramètre dépend du nombre de loci analysés. Le pourcentage de loci polymorphes n'est pas informatif lorsque peu de loci sont analysés (Berg and Hamrick 1997). Aussi le pourcentage de loci polymorphes est en fonction de la taille de l'échantillon analysé, les allèles aux faibles fréquences pouvant être facilement observées dans des échantillons de grande taille. De ce fait, ce paramètre n'est pas un bon indicateur de la variabilité allélique (Nei, 1987).

L'étude de la diversité génétique d'une population à travers ses subdivisions qui représentent les sous populations (à distribution spatiale continue ou discontinue) peut être faite soit par l'analyse des indices de fixation statistiques de Wright (1978), soit par l'analyse des indices de diversité de Nei (1973) (Ouedraogo, 2003).

1.3.2. Méthodes d'étude de la diversité génétique

La diversité peut être évaluée par l'utilisation des marqueurs morphologiques (à travers les descripteurs) et génétiques (à travers des techniques biochimiques ou moléculaires).

1.3.2.1. Marqueurs morphologiques et agronomiques

Traditionnellement, l'évaluation de la diversité génétique des espèces de cultures est basée sur les différences dans les caractères morphologiques (Schut et al., 1997). Ceci est probablement dû au fait que l'étude des traits qualitatifs ne nécessite pas des équipements sophistiqués car ils sont généralement simples et rapides à collecter. Ils sont utilisés comme un outil puissant dans la classification des variétés et également dans des études taxonomiques.

Les traits morphologiques continuent d'être la première étape dans l'étude des corrélations génétiques dans la plupart des programmes d'amélioration (Nkouannessi, 2005) parce que (1) les données de base existantes sur la collection de germoplasme ou les stocks d'amélioration peuvent être souvent utilisées pour une analyse génétique ; (2) les procédures statistiques pour l'analyse des traits morphologiques sont facilement utilisables ; (3) l'information morphologique s'avère essentielle pour comprendre la performance des génotypes. C'est cette précieuse source de matériels qui sert de fondation essentielle pour l'amélioration des variétés. Aussi, ces caractères sont souvent contrôlés par de multiples gènes et sont soumis à des modifications environnementales. Par conséquent, il est difficile de distinguer la contribution respective des différents gènes, et les différences génétiques précises entre individus ne sont pas décelables. Le nombre de marqueurs morphologiques est très limité. Enfin, les caractères morphologiques monogéniques ne peuvent être utilisés comme marqueurs génétiques que si leur expression est reproductible sous différents environnements (Ghalmi, 2011).

Le contrôle génétique de plusieurs caractères morphologiques est complexe, incluant fréquemment des interactions épistatiques, malheureusement souvent non élucidées (Smith, 1986).

La plupart des variétés élites et améliorées ne sont pas particulièrement pour le polymorphisme des marqueurs morphologiques facilement observables. En effet, plusieurs de ces variétés ont des effets délétères au niveau de la performance agronomique (Smith, 1986). Il en résulte que les marqueurs morphologiques ne sont pas suffisants pour décrire les cultivars sans compter que ces marqueurs sont influençables par l'environnement (Nkouannessi, 2005).

Quant au niébé, les marqueurs morphologiques ont permis d'en caractériser plusieurs pays au Bénin (Gbaguidi *et al.*, 2016), au Ghana (Cobbinah *et al.*, 2011), en Algérie (Ghalmi *et al.*, 2009), au Tchad (Nadjiam *et al.*, 2015) etc.

1.3.2.2. Marqueurs biochimiques

Les marqueurs biochimiques sont des protéines produites par l'expression de gènes et qui peuvent être séparées par électrophorèse afin d'en identifier les allèles. Les marqueurs les plus communément utilisés sont les isoenzymes (Vodenicharova, 1989). Les isoenzymes présentent un polymorphisme basé sur les différents allèles d'un ou de plusieurs gènes. Ce sont des enzymes qui diffèrent par leur mobilité électrophorétique. Ces marqueurs sont utilisés dans l'étude de la diversité génétique de plusieurs espèces cultivées. Par exemple, Panella et Gepts (1992) ont étudié la corrélation génétique des variétés de *Vigna unguiculata* à partir de l'analyse des isoenzymes. En général, les résultats obtenus avec les isoenzymes coïncident avec la classification taxonomique. Il est cependant utile de noter que l'expression des isoenzymes peut être influencée par des facteurs environnementaux et le stade de développement de la plante. En outre, bien que l'analyse des isozymes ne soit pas coûteuse et facile à manipuler, ils ne sont plus souvent utilisés de nos jours à cause du faible niveau de polymorphisme et du nombre limité de loci (Nkouannessi, 2005).

1.3.2.3. Marqueurs moléculaires

1.3.2.3.1. Généralités

Contrairement aux marqueurs morphologiques et biochimiques, les marqueurs moléculaires ne sont pas influencés par les fluctuations de l'environnement et sont indépendants de l'organe et du stade de développement de la plante (Tagu et Moussard, 2003 ; Ghalmi, 2011). Ces marqueurs moléculaires deviennent aujourd'hui un outil essentiel d'amélioration des plantes et ouvrent de nouvelles perspectives pour le sélectionneur. Ils sont utilisés pour étudier la variabilité et la diversité directement sur l'ADN plutôt que sur les produits de son expression. Ils sont donc moins subjectifs. Chaque marqueur possède des qualités mais aussi des inconvénients. Il faut donc bien estimer le pour et le contre et en tenir compte pour leur utilisation. De plus, tous les marqueurs n'apportent pas la même information (Ghalmi, 2011).

Actuellement, les marqueurs moléculaires, disponibles en grand nombre et suffisamment polymorphes permettent la discrimination de génotypes proches. Les avantages de ces marqueurs sur les marqueurs morphologiques et biochimiques sont nombreux : ils sont en grand nombre avec un niveau de polymorphisme élevé, ils sont neutres, reproductibles et ils offrent la possibilité de l'automatisation (Kermer, 1998).

De plus, contrairement aux autres marqueurs, les marqueurs moléculaires ont un développement stable, ils sont détectables dans tous les tissus et à tous les stades de développement, ils ne sont pas influencés par les conditions

Tableau 2 : quelques caractéristiques des marqueurs les plus utilisés en génétique des populations

Caractéristiques	RAPD	SSR	ISSR	AFLP
Abondance génomique	Elevée	Elevée	Moyenne-Elevée	Elevée
Niveau de polymorphisme	Moyen	Elevé	Moyen	Moyen
Spécificité du locus	Non	Oui	Non	Non
Codominance des allèles	Non	Oui	Non	Non/Oui
Reproductibilité	Basse	Elevée	Moyenne-Elevée	Moyenne-Elevée
Intensité de travail	Basse	Bas	Bas	Moyen
Demandes techniques	Basse	Basse-Moyenne	Basse-Moyenne	Moyenne
Coûts opérationnels	Bas	Bas	Bas-Moyen	Moyen
Coûts de développement	Bas-Moyen	Elevé	Bas	Bas
Quantité d'ADN requise	Basse	Basse	Basse	Moyenne
Prédisposition à l'automatisation	Oui	Oui	Oui	Oui

Source : Ghalmi (2011)

environnementales (Santoni *et al.*, 2000 ; Ghalmi, 2011). Chaque type de marqueur diffère par ses qualités (Tableau 2).

1.3.2.3.2. Application des marqueurs moléculaires à l'étude de la diversité génétique chez le niébé

Le RAPD (Polymorphisme de l'ADN Amplifié au Hasard) est généralement utilisé dans l'analyse génétique du niébé parce qu'il est simple et peu d'ADN est requis. La technique du RAPD est un outil utile dans la caractérisation de la diversité génétique entre les cultivars du niébé (Zannou *et al.*, 2008). D'après les travaux de Zannou et al. (2008), le RAPD utilisé pour évaluer la diversité de 70 accessions de niébé collectées au Bénin. Sur la base de la variance moléculaire, l'indice de fixation suggère une forte différenciation au sein des cultivars du niébé. Ba *et al.* (2004) ont analysé 26 variétés cultivées de niébé et 30 espèces sauvages de niébé de l'Afrique de l'Ouest, de l'Est et du Sud. Les espèces sauvages du niébé de l'Afrique de l'Est sont très polymorphiques, ce qui suggère que c'est la région d'origine de *Vigna unguiculata* var. *spontanea*. Nkongolo *et al.* (2003) ont déterminé la structure et l'étendue de la variabilité intra et inter populations des cultivars de niébé des différentes zones agroécologiques à partir des marqueurs RAPD et ont observé une divergence entre les groupes et les traits morphologiques. Deux études utilisant des marqueurs RAPD chez le niébé ont aussi mis en évidence des niveaux relativement élevés de diversité, une parmi les accessions cultivées et sauvages de niébé originaires d'Afrique et d'Asie du Sud-Est (Ba *et al.*, 2004), et l'autre parmi les écotypes de niébé du Malawi (Nkongolo *et al.*, 2003). Par ailleurs, d'autres études utilisant les RAPD ont relevé de faibles niveaux de polymorphisme, entre 13 écotypes de niébé originaires de l'Italie avec un taux de polymorphisme de 18,5 % (Totsi et Negri, 2002) et un taux de polymorphisme de 12 % entre des variétés améliorées de niébé (Menendez *et al.*, 1997).

L'AFLP (Polymorphisme de Longueur de Fragments Amplifiés) est reconnu comme l'un des marqueurs moléculaires les plus efficaces. Coulibaly *et al.* (2002) ont utilisé l'AFLP pour évaluer les corrélations génétiques au sein de 117 accessions de niébé. Les espèces sauvages annuelles du niébé (var. *spontanea*) sont plus diversifiées que les espèces cultivées, et les espèces sauvages de l'Afrique de l'Est sont plus diversifiées que celle de l'Afrique de l'Ouest, ce qui suggère que l'origine des taxons sauvages est l'Afrique de l'Est. Fang *et al.* (2007) ont examiné les liaisons génétiques entre 60 variétés améliorées issues de six programmes d'amélioration en Afrique de l'Ouest et des Etats-Unis, et 27 accessions d'Afrique, d'Asie et d'Amérique Latine. L'analyse en composante principale a montré un regroupement des variétés améliorées selon l'origine du programme, ce qui indique un manque de diversité génétique comparée à la diversité potentielle.

Les marqueurs ISSR (Inter-Microsatellite) ont été utilisés avec succès pour analyser les motifs répétés chez l'espèce *Vigna mungo* (L.) Hepp. (Singh *et al.*, 2000), ainsi que pour les relations génétiques entre plusieurs espèces du genre *Vigna* (Ajibade *et al.*, 2000) et l'identification des variétés de haricot (*Vigna radiata* (L.) Wilcz) (Ranade *et al.*, 2000). Le potentiel discriminatoire des marqueurs ISSR dépend de la variété et de la fréquence des microsatellites qui change avec les espèces et les motifs répétés ciblés (Depeiges *et al.*, 1995 ; Ghalmi, 2011). Le nombre de fragments polymorphes et discriminants est plus grand en utilisant l'ISSR par rapport à la RAPD. C'est ainsi que Ghalmi (2011) a observé 62,5 % de bandes polymorphes par ISSR au lieu de 58 % par RAPD. En fait, l'ISSR a une grande capacité à mettre en évidence le polymorphisme génétique et offre un grand potentiel pour déterminer la diversité intra et inter-génomique en comparaison à d'autres techniques basées sur des amorces arbitraires comme le RAPD (Ghalmi, 2011).

Les marqueurs SSR (Séquences Simples Répétées ou Microsatellites) sont des marqueurs les plus fréquemment utilisés dans l'analyse de la diversité génétique. Ils sont d'un grand intérêt du fait de leur polymorphisme extrêmement élevé, de leur codominance et de la simplicité de leur protocole. La première recherche des SSR sur le niébé a été conduite par Li *et al.* (2001), et 27 amorces SSR ont été développées. C'est après cela que la recherche sur le niébé à partir de SSR s'est répandue, principalement en Afrique et en Asie. L'Afrique est le centre de diversité du niébé sauvage, ceci a été démontré par Ogunkanmi *et al.* (2008) avec l'analyse des marqueurs SSR. Asare *et al.* (2010) ont utilisé des marqueurs moléculaires SSR pour évaluer la diversité génétique et les relations phylogénétiques entre 141 accessions de niébé collectées dans neuf régions géographiques du Ghana. Le contenu d'information polymorphique (PIC) variait de 0,07 à 0,66 avec une moyenne de 0,38. Les accessions de niébé du Ghana regroupées en cinq principales branches, chacune d'elles intimement liée à la région de collecte des échantillons. Badiane *et al.* (2012) ont évalué la diversité génétique et la relation phylogénétique entre 22 variétés locales de niébé et variétés améliorées collectées au Sénégal à partir des marqueurs SSR. Un total de 44 amorces polymorphiques utilisées ont permis d'avoir un PIC rangé entre 0,08 et 0,33. La diversité génétique et la relation phylogénétique ont été évalués entre les génotypes de niébé utilisés dans l'amélioration pour la résistance au *Striga gesnerioides* au Burkina Faso en utilisant les marqueurs moléculaires SSR (Sawadogo *et al.*, 2010). Très peu d'amorces ont montré de bandes polymorphiques capables de discriminer la résistance au *Striga* des cultivars susceptibles, lesquelles ont révélé une grande efficacité aux marqueurs SSR. Bien que l'Asie soit l'un des bassins majeurs de culture de niébé, les recherches sur la diversité génétique du niébé y sont encore faibles. Lee *et al.* (2009) ont estimé la diversité génétique de 492 accessions de niébé de la Corée du Nord à partir des marqueurs SSR. La moyenne de la diversité génétique de Nei était de 0,665. Xu *et al.* (2007) ont extrait l'ADN de 316 variétés de niébé en Chine, en Afrique et dans d'autres pays asiatiques, lequel a été amplifié par les marqueurs SSR afin d'étudier la diversité génétique. Les résultats montrent que la diversité génétique des accessions étrangères est très élevée, comparée à celle des accessions nationales.

2

CONTRAINTES DE PRODUCTION, CRITERES DE PREFERENCE DES PRODUCTEURS ET DIVERSITE DES VARIETES DE NIEBE

2.1. Introduction

Au Togo, le niébé [*Vigna unguiculata* (L.) Walp.] est cultivé sur toute l'étendue du territoire (Soule, 2002). Des feuilles jusqu'aux graines, la plante est utilisée sous différentes formes. Les feuilles sont consommées sous forme de légumes en sauce. Les lianes et les coques sont utilisées comme aliments du bétail. Cependant, c'est de la graine que dérivent les plus intéressantes utilisations de cette légumineuse. Bien que le niébé soit considéré comme un produit secondaire, les services techniques du ministère de l'Agriculture lui accordent une importance capitale. Plusieurs projets de développement axés essentiellement sur la vulgarisation de variétés améliorées ont été initiés. Le dernier en cours d'exécution et domicilié à Sotouboua au Centre Nord du pays vise à promouvoir plusieurs variétés en vue d'accroître la production domestique qui éprouve encore des difficultés à franchir le cap des 50000 tonnes. Les régions septentrionales (Savane, Kozah, Centrale et Plateaux) fournissent plus de 80 % de la production nationale. La région maritime, bien que bénéficiant de deux récoltes annuelles ne contribue que pour environ 5 % à la production nationale. Celle-ci a connu une évolution assez rapide au cours des dernières années, en dépit des fluctuations qui témoignent de la faible performance des systèmes de production. Cependant, la production du niébé reste marginale, comparée aux autres spéculations.

Une production en progression du niébé mais avec des rendements faibles à l'hectare est notée. Cette faiblesse est due aux conditions pluviométriques précaires et à la faiblesse des diffusions des variétés améliorées mais aussi à la non valorisation du potentiel végétal local.

Plusieurs variétés de niébé sont aujourd'hui abandonnées au profit d'autres jugées plus intérressantes pour diverses raisons dont la caractéristique tégumentaire (Akpavi et al., 2008 ; Akpavi et al., 2012), les changements climatiques, (notamment le raccourcissement des périodes pluviales qui a entrainé l'abandon de plusieurs variétés traditionnelles à cycle long). Même, les services d'encadrement de l'agriculture ont souvent tendance à restreindre la diversification dès lors qu'ils ont à leur portée une variété à haut rendement. Ces abandons ont entraîné de pertes de certaines variétés créant donc une érosion génétique pour ces cultures (Ouedraogo et al., 2010) sans que leur potentialité nutritive ne soit évaluée (Akpagana, 2006). La diversité variétale, les performances des variétés et les critères paysans de préférence restent encore inconnus. Or, les connaissances des populations indigènes constituent une source importante dans laquelle certaines explications de cette disparition peuvent être trouvées et aussi des pistes de solutions pour des mesures à prendre afin de sauvegarder le reste de cette diversité végétale avant qu'il ne soit tard. Afin d'étudier la diversité variétale du niébé au Togo, nous présentons dans ce chapitre les résultats d'une investigation ethnobotanique qui vise à : (i) documenter la nomenclature locale ; (ii) identifier les critères de préférences des variétés de niébé et les contraintes à la production et (iii) évaluer la diversité des variétés de niébé.

2.2. Méthodologie

2.2.1. Présentation de la zone d'étude

2.2.1.1. Localisation géographique, subdivisions administratives

Situé sur la côte du Golfe de Guinée en Afrique de l'Ouest, le Togo couvre une superficie de 56 600 km². Il est limité au Sud par l'océan atlantique, au Nord par le Burkina Faso, à l'Est par le Bénin et à l'Ouest par le Ghana. Localisé entre le 6ème et le 11ème degré de latitude nord et entre zéro et deux degré de longitude est, le pays s'étend du nord au sud sur 660 km. Sa largeur varie entre 50 et 150 km. Le territoire national est divisé en cinq régions administratives et économiques qui ne jouissent pas en réalité d'une autonomie régionale par manque de mise en place effective de structures administratives et financières appropriées (MERF, 2011) (Figure 3). Les cinq régions sont : région Maritime (6100 km^2), région des Plateaux (16975 km^2), Région Centrale (13317 km^2), région de la Kara (11738 km^2) et région des Savanes (8470 km^2). Le pays compte actuellement 38 préfectures.

2.2.1.2. Relief et climat

Le Togo est pris en écharpe dans sa partie centrale sur près de 400 km par une succession de massifs ou monts qui forment ainsi la chaîne montagneuse de l'Atakora. D'orientation sud ouest-nord est, cette chaîne se prolonge au Ghana d'une part, au Bénin et au Niger d'autre part. Elle divise le paysage togolais en deux grandes plaines : la plaine de l'Oti et celle du Mono. C'est au Togo que cette chaîne atteint son ampleur maximale en altitude (mont Agou avec 986m) et en largeur (70 km au Nord d'Atakpamé).

Le Togo appartient à la zone intertropicale au climat chaud et humide marqué par deux principaux courants éoliens : les alizés continentaux, saisonniers, secs et chauds du nord-est appelés harmattan, et les alizés maritimes permanents, humides et chauds du sud-ouest appelés mousson atlantique ou anticyclone de Sainte Hélène. La pluviométrie augmente du sud au nord, à l'exception de la Chaîne montagneuse de l'Atakora qui est un peu plus humide vers le sud. Le climat est intertropical, assez doux dans son ensemble, mais variant sensiblement du sud vers le nord, subdivisant ainsi le pays en deux régimes climatiques dont la limite se situe à la latitude de Blita. De 8° 30 nord à l'ouest et 9° nord à l'est jusqu' à la frontière du Burkina Faso, c'est un régime subtropical soudanien à deux saisons et ses variantes avec trois à six mois écologiquement secs qui est observé. La durée de la saison humide diminue du Sud vers le Nord. De l'océan aux latitudes du 8° 30' à l'ouest et 9° à l'est, le climat est subéquatorial guinéen à quatre saisons avec deux variantes : le type guinéen de plaine, moins pluvieux avec 1000 à 1300 mm/an, et le type guinéen de montagne plus pluvieux avec environ 1600 mm/an. Dans la zone guinéenne, la grande saison des pluies dure de mars à juillet avec le maximum en juin. La faible pluviométrie et le nombre élevé de mois écologiquement secs sont les principales particularités du climat de la zone guinéenne. Il faut souligner que la zone littorale est caractérisée par un déficit pluviométrique connu sous le nom d'anomalie climatique du Sud Togo. La station la moins arrosée au Togo est la ville de Lomé avec moins de 900 mm/

an. La faible pluviométrie a comme impact sur la végétation, la présence de baobabs jusqu'en bordure de mer et l'absence d'un domaine forestier de type forêt dense humide dans la zone littorale. La durée moyenne d'insolation journalière est de 6 h 18 mn et la vitesse moyenne des vents est de 1,93 m/s. L'évapotranspiration moyenne est de 1540 mm/an. La température moyenne varie de 26 à 28°C en plaine et descend à 24°C en altitude. L'humidité relative moyenne varie de 70 à 90 % en zone guinéenne et de 50 à 70 % en zone soudanienne (Afidegnon, 1999; MAEP, 2007).

2.2.1.3. Végétation

Le Togo est subdivisé en cinq zones écologique par Ern (1979).

- **Zone I** : zone des plaines du Nord. Elle s'étend de la pénéplaine du nord de Dapaong jusqu'à la limite sud du Bassin de la Volta, presque suivant l'axe Bandjeli-Kpesside. Les principales formations végétales de cette zone sont des savanes soudaniennes dominées par des légumineuses Mimosoidae (*Acacia* spp.), des Combretaceae (*Combretum* spp. et *Terminalia* spp.), des forêts sèches à *Anogeissus*, des forêts galeries et par endroits, des prairies autour des mares temporaires ou permanentes qui contiennent *Nymphaea lotus* L., *N. guineensis* Schumach. & Thonn., *Hygrophila auriculata* (Schumach.), *Oryza longistaminata* A. Chev. & Roehr., etc. Dans plusieurs localités, il existe de vastes domaines agroforestiers sous forme de parcs à *Vitellaria paradoxa* C. F. Gaerth (karité) ou à *Parkia biglobosa* (Jacq.) Benth. (néré) et *Adansonia digitata* L.

- **Zone II** : zone des montagnes du Nord. Elle correspond à la chaine des montagnes du nord, qui s'étend grossièrement de la latitude de Sokodé à celle de Defalé-Kanté sous climat soudanien à deux saisons. C'est le domaine par excellence de la forêt dense sèche à *Anogeissus leiocarpus* (DC.) Guill. ou à *Monotes kerstingii* Gilg et *Uapaca togoensis* Pax et des forêts claires a *Isoberlinia doka* Craib & Stapf et *Isoberlinia tomentosa* (Harms) Craib & Stapf. Des savanes à Combretaceae mais aussi des parcs agroforestiers comme précédemment sont distingués. Les forêts galeries y sont bien représentées.

- **Zone III** : zone des plaines du centre. C'est une zone sous climat guinéen de plaine, elle occupe la plaine bénino-togolaise à l'est de la chaine de l'Atacora. La végétation dominante de cette zone est la savane guinéenne entrecoupée par de vastes étendus de forêts sèches à *Anogeissus leiocarpus* (DC.) Guill. & Perr. Ces savanes guinéennes ont une flore relativement variée, dominée par des Combretaceae et des Andropogoneae. Des ilots de forêts semi-décidues disséminées çà et là ainsi que des galeries forestières sont notées dont les principales espèces sont *Cynometra megalophylla* Harms, *Parinari congensis* (F.) Didr., *Pterocarpus santalinoides* L'Her. Ex DC., etc.

- **Zone IV** : zone méridionale des Monts Togo. Cette zone correspond à la partie méridionale des Monts Togo. Le climat qui y règne est un climat subéquatorial à une saison de pluie. C'est un climat guinéen de montagne. Elle constitue le domaine actuel de véritables forêts denses semi-décidues. Les principales espèces de ces forêts sont *Milicia excelsa* (Welw.), *Khaya grandifoliola* C. DC., *Erythrophleum suaveolens* (Guill. & Perr.) Brenan, *Antiaris africana* Lesh., *Terminalia superba* Engl., *Parinari glabra* Oliv. Ces forêts sont entrecoupées de savanes guinéennes dans lesquelles se rencontrent les ligneux suivants : *Lophira lanceolata* Tiegh. Ex Keay, *Terminalia glaucescens* Planch. Ex Benth., *Pterocarpus erinaceus* Poir., *Hymenocardia acida* Tul., *Crossopteryx febrifuga* (Afzel. ex G. Don) Benth., *Faurea speciosa* Welw., *Vitex doniana* Sweet, etc.

- **Zone V** : zone côtière du Sud. Elle correspond au littoral et présente des formations végétales très dégradées. Il s'agit d'une mosaïque d'îlots forestiers disparates, avec des espèces comme *Milicia excelsa* (Welw.) C. C. Berg, *Antiaris africana* Engl., de reliques de forêts galeries à *Cynometra megalophylla* Harms, *Pterocarpus santalinoides* L'Her. ex DC., *Cola gigantea* A. Chev., etc., de savanes très anthropisées, de fourrés littoraux, de prairies halophiles ou marécageuses, de mangroves, de jachères et de cultures.

2.2.1.4. Population et diversité ethnique

Selon la DGSCN, (2011), la démographie au Togo est caractérisée par une croissance rapide de la population et est marquée par de fortes disparités régionales. La population totale est passée de 2.719.567 habitants en 1981 à 6.191.155 habitants en 2010, soit un taux de croissance annuel moyen de 2,84 % (équivalant à un doublement tous les 25 ans), et est constituée en majorité de femmes (51,4 %). L'une des caractéristiques majeures de cette population est aussi son inégale répartition sur le territoire national. La région Maritime concentre 42 % de la population totale alors qu'elle occupe 23,2 % de la superficie totale du pays. En outre, les taux de croissance démographique varient d'une région à l'autre. Il y a des régions à croissance démographique relativement modérée et inférieure au taux annuel moyen national comme les Plateaux (2,58 %) et la Kara (2,04 %), et des régions à forte croissance démographique, comme la région des Savanes (3,18 %) et la région Maritime (3,16 %), Cette disparité dans la répartition et la croissance de la population pose des défis en termes d'aménagement du territoire. La population togolaise est également très mobile. Elle migre en fonction des opportunités économiques, des campagnes rurales vers les villes mais aussi vers l'extérieur du pays. Le phénomène d'urbanisation a surtout profité à la «grande agglomération de Lomé " où vivent 23,9 % de la population du pays ; il est assez peu maîtrisé, sans mesures d'accompagnement dans les domaines de la gestion urbaine et de l'environnement. Comme conséquence directe de l'exode rural, une proportion importante de la population âgée en milieu rural est notée. En effet, les personnes âgées représentent aujourd'hui 7,3 % de la population togolaise, dont 2,2 % vivent en milieu urbain contre 5,2 % en milieu rural. Confrontés à l'importance de la pauvreté en milieu rural, notamment à la faiblesse des revenus monétaires, à la pénurie des terres fertiles, et à l'insuffisance de l'accès aux infrastructures sociales de base, les jeunes quittent en effet de plus en plus la campagne pour la ville. En 2010, la population résidant dans le milieu rural était 62,3 % de la population totale contre 74,8 % en 1981.

La société togolaise est caractérisée par une diversité culturelle, matérialisée par l'existence de près de 45 ethnies. Les ethnies rencontrées couramment sont : les Mina, Ouatchi, Ewé, Adja, Ana-ifè, Aholon, Akposso, Akébou, Adélé, Agnanga, Kotokoli, Tchamba, Bassar, Kabyè, Naouda, Konkomba, Lamba, Tamberma, Gamgam, Tchokossi, Gourma, Moba, Natchaba, Mossi. La région des Savanes est composée majoritairement des ethnies Moba, Tchokossi, Gourma, Mossi, Gamgam et Natchaba. Dans la région de la Kara vivent majoritairement : les Kabyè, les Bassar, les Naouda, les Kotokoli, les Tamberma. Dans la région Centrale, les groupes ethniques majoritaires sont les Kabyè, les Kotokoli, les Tchamba et les Naouda. La région des Plateaux est habitée essentiellement par les Akposso, les Akébou, les Ifè, les Kabyè, les Ewé, les Kotokoli tandis que la région Maritime est dominée par les Mina, les Ouatchi et les Ewé.

2.2.2. Enquêtes ethnobotaniques

Dans la réalisation des enquêtes, les cinq régions géographiques du Togo ont été considérées comme un premier niveau de stratification. Au niveau de ces cinq régions, les différents groupes ethniques qui peuplent le pays ont été considérés comme un second niveau de stratification et 14 groupes ethniques ont été prospectés. Au niveau de ces différents groupes ethniques, une à dix

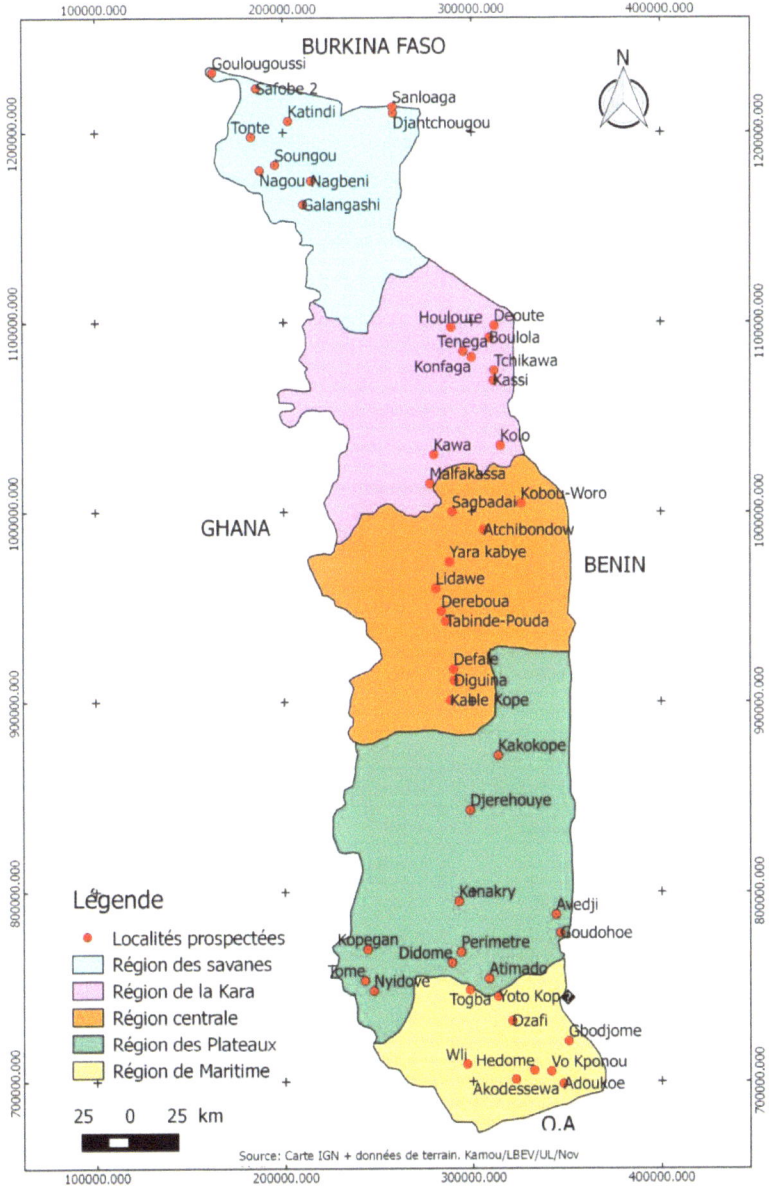

Figure 3 : carte du Togo montrant la localisation des localités prospectées

Tableau 3 : liste des villages prospectés avec leur localisation et l'ethnie au Togo

N°	Villages	Cantons	Préfectures	Régions	Ethnies
1	Avédji	Tado	Moyen-Mono	Plateaux	Adja
2	Goudohoé	Tohoun	Moyen-Mono	Plateaux	Adja
3	Diguina	Agbandi	Blitta	Centrale	Agnanga
4	Atimado	Dalia	Haho	Plateaux	Ewé
5	Didomé	Notsè	Haho	Plateaux	Ewé
6	Kopégan	Kpimé	Kloto	Plateaux	Ewé
7	Nyidové	Agotimé	Agou	Plateaux	Ewé
8	Togba	Gamé	Zio	Maritime	Ewé
9	Tomé	Tomé	Kloto	Plateaux	Ewé
10	Wli	Wli Centre	Zio	Maritime	Ewé
11	Djantchogou	Mandouri	Kpendjal	Savanes	Gourma
12	Katindi	Katindi	Tone	Savanes	Gourma
13	Nagbéni	Nagbéni	Oti	Savanes	Gourma
14	Sanloaga	Koundjoaré	Kpendjal	Savanes	Gourma
15	Bouloula	Pouda	Doufelgou	Kara	Kabyè
16	Déréboua	Sotouboua	Sotouboua	Centrale	Kabyè
17	Djéréhouyé	Woudou	Ogou	Plateaux	Kabyè
18	Kablè kopé	Langabou	Blitta	Centrale	Kabyè
19	Kassi	Landa	Kozah	Kara	Kabyè
20	Lidawè	Adjengré	Sotouboua	Centrale	Kabyè
21	Périmètre	Notsè	Haho	Plateaux	Kabyè
22	Tabindè-Pouda	Tabindè	Sotouboua	Centrale	Kabyè
23	Tchikawa	Lama-Tessi	Binah	Kara	Kabyè
24	Yara-Kabyè	Lama-Tessi	Tchaoudjo	Centrale	Kabyè
25	Kawa	Daoudè	Assoli	Kara	Kotokoli
26	Kolo	Soudou	Assoli	Kara	kotokoli
27	Malfakassa	Bassar	Bassar	Kara	Kotokoli
28	Défalé	Yaloumbé	Blitta	Centrale	Lamba
29	Déouté	Kanté	Kéran	Kara	Lamba
30	Houlourè	Atalotè	Kéran	Kara	Lamba
31	Nagou	Nano	Tandjoaré	Savanes	Moba
32	Soungou	Bombouaka	Tandjoaré	Savanes	Moba
33	Tonte	Tami	Tone	Savanes	Moba
34	Goulougoussi	Goulougoussi	Cinkassé	Savanes	Mossi
35	Kakocopé	Elavagnon	Est-Mono	Plateaux	Naouda

36	Konakry	Wahala	Haho	Plateaux	Naouda
37	Konfaga	Siou	Doufelgou	Kara	Naouda
38	Sagbadai	Kpangalam	Tchaoudjo	Centrale	Naouda
39	Ténéga	Ténéga	Doufelgou	Kara	Naouda
40	Galangashi	Galangashi	Oti	Savanes	Natchab
41	Adoukoé	Anfouin	Lacs	Maritime	Mina
42	Akodésséwa	Sévagan	Vo	Maritime	Ouatchi
43	Dzafi	Dzafi	Yoto	Maritime	Ouatchi
44	Gbodjomé	Afagnan	Bas-Mono	Maritime	Ouatchi
45	Hédomé	Vo	Vo	Maritime	Ouatchi
46	Vo Kponou	Vo Koutimé	Vo	Maritime	Ouatchi
47	Yotokopé	Dzafi	Yoto	Maritime	Ouatchi
48	Atchibodow	Kparatao	Tchaoudjo	Centrale	Peulh
49	Kobou-Woro	Larini	Tchamba	Centrale	Peulh
50	Safobé 2	Timbou	Cinkassé	Savanes	Yanga

localités ont été sélectionnées suivant l'importance de la distribution dudit groupe sur le territoire national et aussi par la méthode de boule de neige. Le choix d'une localité guide celui de la seconde c'est-à-dire que les producteurs de la première localité citent les villages qui pratiquent la culture du niébé à grande échelle et aussi ceux qui présentent des variétés qu'ils ne possèdent pas eux-mêmes. Les coordonnées géographiques de tous les villages ont été prises avec un GPS. Au total, la collecte des assessions a été effectuée dans 50 villages du Togo (Figure 3 et Tableau 3).

Dans chaque village, les premiers contacts sont les chefs de villages ou de canton et/ou les chefs des groupements agricoles ou de Comités Villageois de Développement (CVD). Ces derniers s'impliquent pour faciliter les rencontres. Ils convoquent les producteurs qui se réunissent sur une place publique. Les entretiens sont conduits avec l'aide des traducteurs locaux. Les données ont été collectées en utilisant les méthodes de la recherche participative basées sur des observations directes, des discussions libres et des entretiens de groupes (Kombo *et al.*, 2012 ; Orobiyi *et al.*, 2013 ; Gbaguidi *et al.*, 2013).

2.2.2. Collecte des données d'enquête de groupe

L'entretien de groupe regroupe dix à 30 producteurs de niébé des deux sexes et de différents âges (Figure 4). Les informations d'ordre général telles que le nom du village, du canton, de la prefecture et le groupe ethnique sont recueillies. L'entretien démarre par une présentation des objectifs de la recherche. D'abord les producteurs listent les variétés encore cultivées ou non dans la localité par leurs noms vernaculaires. Ils apportent à la rencontre des échantillons qui sont collectés après une large discussion pour donner un nom à la variété approuvé par le groupe. Ensuite, ils fournissent d'autres informations sur : la signification des noms vernaculaires, les préférences pour la culture et les contraintes à l'expansion de la culture. A la fin de l'enquête, la distribution et l'étendue des variétés listées sont appréciées par la méthode participative d'analyse des quatre carrés ou *"Four Square Analysis"* selon Missihoun *et al.* (2012) et Gbaguidi *et al.* (2013). Cette méthode d'évaluation est basée sur deux paramètres à savoir le nombre de ménages et la taille des superficies cultivées. Elle permet de classer en quatre catégories toutes les variétés existantes :

- variétés produites par beaucoup de ménages sur de grandes superficies ;
- variétés produites par beaucoup de ménages sur de petites superficies ;
- variétés produites par peu de ménages sur de grandes superficies et
- variétés produites par peu de ménages sur de petites superficies.

Afin de classer les différentes variétés dans ces quatre catégories, des discussions sont menées. Par conséquent, les raisons qui justifient la culture de chaque variété par peu ou beaucoup de ménages et sur de petites ou grandes surfaces ont été relevées (Agre et al., 2015). Dans le cadre de l'étude, une variété est considérée produite par peu de ménages lorsqu'elle est produite par moins de 20 % des producteurs et par beaucoup de ménages lorsqu'il s'agit d'une proportion de réponses de plus de 50 %. En termes de superficie, une aire emblavée par une variété inférieure à 0,25 ha est considérée comme cultivée sur une petite superficie et celle produite sur plus de 0,5 ha est considérée comme une grande. La méthode d'analyse des 4 carrés permet l'identification des variétés élites (celles cultivées sur de grandes superficies et par beaucoup de ménages dans au moins un des villages prospectés) et l'évaluation du taux de perte de diversité variétale à partir des variétés produites par peu de ménages et sur de petites superficies.

Figure 4 : séances d'entretien et d'enquête (A) à Kassi et (B) à Déouté

2.2.3. Analyses statistiques des données

Les données obtenues au cours des enquêtes ethnobotaniques ont été analysées par la statistique descriptive (fréquences, pourcentages, moyennes, etc.). L'indice de diversité de Shannon-Wiener (H') a été calculé sur l'ensemble de la zone d'étude (Gray et al., 1992). Il est donné par la formule suivante :

$$H' = - \sum_{i=1}^{S} pi \, Log \, pi$$

pi = abondance proportionnelle ou pourcentage d'importance de l'espèce :
pi = ni/N;
S = nombre total d'espèces;
ni = nombre d'individus d'une espèce dans l'échantillon;
N = nombre total d'individus de toutes les espèces dans l'échantillon.
L'indice d'équitabilité de Piélou a été calculé selon la formule suivante :
J' = H'/H'max avec H'max = Log S (S = nombre total d'espèces).

Le taux de perte de variétés a été calculé par village enquêté selon la formule décrite par Kombo et al. (2012) : TPV = [(n-k)/N] *100 où n = nombre de variétés menacées de disparition (cultivées par peu de ménages et sur de petites superficies), k = nombre de variétés nouvellement introduites et N = nombre total de variétés enregistrées dans le village.

2.3. Résultats

2.3.1. Critères de nomination des variétés locales

Au Togo, les noms donnés aux variétés ont pour 73 % d'entre eux une signification. L'origine, les caractères agronomiques, morphologiques, organoleptiques et culturels sont utilisés par les producteurs de niébé pour attribuer un nom vernaculaire à une variété (Figure 5).

Les caractères de traçabilité (13 %) employé pour désigner les variétés locales sont révélateurs de la provenance de la variété comme *Dapango* qui signifie niébé apporté de Dapaong, une ville du Nord du pays et *Voyi*, niébé de la préfecture de Vo. Le nom peut être celui de l'introducteur pour distinguer la nouvelle variété des autres déjà existant dans le milieu. C'est le cas de *Komi* et de *Yendaou* qui sont des noms personnels attribués à des variétés. Ces nominations peuvent donc entraîner des synonymies au sein des variétés. Ainsi, le nom d'une variété nouvelle peut varier d'une localité à une autre.

Les caractères agronomiques (15 %) sont aussi utilisés pour désigner les variétés. Le cycle et la productivité sont les critères les plus discriminants employés dans la désignation des variétés. Des variétés comme *Gbédéfouba* qui signifie « vas-y et revient vite « en Ayanga, *Amélassiwa* en Ewé qui signifie « as-tu des gens « et *Agblétogboyi* (qui fait fuir le paysan) en Ouatchi sont quelques-unes des appellations locales. En outre, certaines appellations font référence aux saisons de culture. Il s'agit de *Tossiork* signifiant niébé de saison pluvieuse et *Toufale* « niébé de fin de saison « chez les Gourma.

- Les variétés portent généralement des noms correspondant à la morphologie (41 %) de la gousse et des feuilles, à la couleur de la graine et au port de la plante. C'est le cas de *Aloviéton*, *Kpoyidji* et *Kpokpobo* qui signifie respectivement « 3 doigts « pour signifier la forme de la feuille, « point levé « pour signifier le port érigé de la plante et « grosse graine « en Ouatchi, *Toboni* « niébé noir « chez les Moba, *Chenflmir* « niébé blanc « et *Silsemer* « niébé rouge « chez les Lamba. La variété *Alindé* chez les Ewé nommée *Héwou n'zouloumiè* chez les Kabyè signifie « la langue de mouton « à cause de la couleur de la graine.

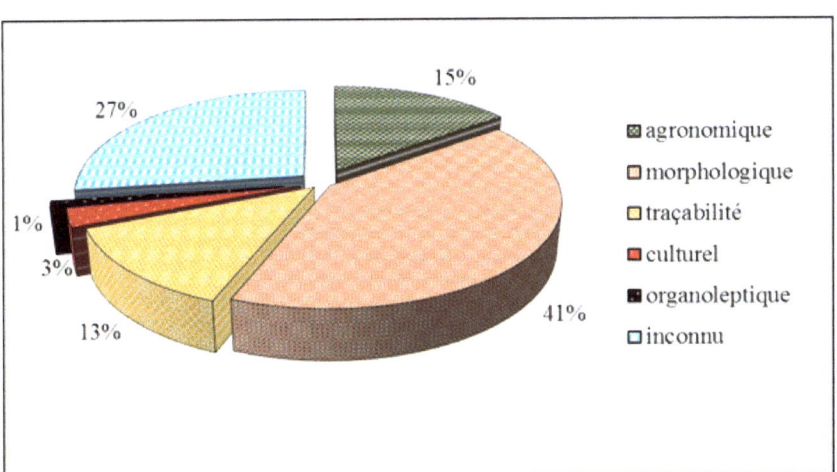

Figure 5 : *critères de dénomination des variétés à travers les villages*

Au niveau de certains groupes socioculturels, le nom de la variété a une signification culturelle (3 %). *Togbéyi* signifiant niébé des ancêtres est utilisé dans les cérémonies traditionnelles par les Ouatchi.

Les caractères organoleptiques sont utilisés aussi dans la nomination des variétés et représentent 1 % de la signification du nom des variétés. Le goût et la facilité de cuisson sont les deux caractères employés. *Sounbana* et *Damadoami* qui signifient respectivement « qui est bon « en Naouda et « à préparer sans huile « en Ouatchi font référence au goût intéressant à la cuisson.

Il existe des variétés telles que *Kétchéyi* rouge, *Kétchéyi* noir et *Tcharabaou* qui se retrouvent dans presque toutes les ethnies dont les producteurs ignorent la signification des noms.

2.3.2. Contraintes à la production du niébé

Onze contraintes ont été identifiées par les producteurs. Ces dernières sont regroupées en quatre principales catégories à savoir : biotique, abiotique, agronomique et socio-économique (Tableau 4).

Tableau 4 : contraintes liées à la culture du niébé au Togo

Catégories	Contraintes	Nombre de citations (N=50)	Fréquence (%)
Biotique	Accessibilité aux pesticides	8	16
	Dégâts des mauvaises herbes	7	14
	Attaque des insectes au champ	48	96
	Technique de conservation post récolte	21	42
	Attaque des insectes au stockage	35	70
Abiotique	Aléas climatiques	35	70
	Pauvreté des sols	9	18
Agronomique	Faible productivité	8	16
Socio-économique	Faible valeur marchande	12	24
	Manque de moyens financiers	13	26
	Manque de main d'œuvre	7	14

Parmi les contraintes biotiques, l'attaque des insectes au champ (96 %) est la plus citée suivie de l'attaque des insectes au stockage (70 %). Les contraintes abiotiques sont les aléas climatiques citées par les agriculteurs (70 %) et la pauvreté des sols (18 %). Deux contraintes d'ordre agronomique et technologique sont notées : il s'agit des problèmes de conservation post récolte (42 %) et de la faible productivité des variétés (16 % des interviewés). La quatrième catégorie de contraintes est d'ordre socio-économique, comme le manque de moyens financiers (26 %) pour élargir les superficies cultivées et la faible valeur marchande (24 %) qui sont les majeures.

2.3.3. Critères paysans de préférence ou de sélection variétale

Au total 13 critères de préférences ont été identifiés à travers les villages prospectés (Tableau 5) :

Tableau 5 : critères de préférence des variétés chez les producteurs

Catégories	Préférences	Nombre de citations (N=50)	Fréquences (%)
Traits agronomiques	Résistance aux attaques au champ	45	90
	Résistance aux attaques au stockage	44	88
	Adaptabilité aux variabilités climatiques	14	28
	Forte productivité	44	88
	Précocité	38	76
	Taille des graines	6	12
	Couleur blanche des graines	6	12
	Résistance aux mauvaises herbes	17	34
	Adaptabilité aux associations culturales	6	12
Traits culinaires	Goût	35	70
	Facilité de cuisson	19	38
Trait économique	Forte valeur marchande	27	54

- dix (10) traits agronomiques dont les majeurs sont la résistance aux attaques des insectes au champ (90 %), la résistance aux attaques des insectes au stockage (88 %), la forte productivité des variétés (88 %) et la précocité des variétés (76 %) ;
- deux (2) sont des traits culinaires et
- un trait économique qui est la forte valeur marchande des variétés (54 %) est noté.

Les principaux critères de sélection sur toute la zone d'étude est la résistance aux attaques au champ et au stockage, la productivité, la précocité, le goût et la valeur marchande des variétés.

2.3.4. Richesse variétale et indice de diversité du niébé au Togo

Au total, 289 accessions de niébé ont été collectées. Toutefois, sous réserve de synonymies et/ou d'homonymies, 147 accessions différemment nommées ont été identifiées à travers les 50 villages prospectés. Dans le cadre de ce travail, afin de faciliter cette étude, les 147 accessions différemment nommées sont considérées commes des variétés. La diversité variétale varie de deux à 13 avec une moyenne de six. La plus forte diversité (13 variétés) a été observée à Yoto kopé dans la préfecture de Yoto (région Maritime), ce qui fait de la région Maritime celle à plus forte diversité de niébé (Tableau 6) tandis que les plus faibles diversités (deux variétés) ont été enregistrées à Atchibodow et Houlourè respectivement dans les régions Centrale et de la Kara. L'ethnie cultivant le plus grand nombre de variétés est Ouatchi, avec 13 variétés, celle cultivant un plus faible nombre est Mossi avec trois variétés (Figure 6).

Sur le plan régional, la région Maritime a détenu le nombre le plus élevé de variétés avec une moyenne de huit (Tableau 7).

L'indice de diversité de Shannon-Wiener calculé afin d'apprécier la diversité variétale est de H' = 3,82 et l'indice d'équitabilité de Piélou est de J' = 0,67.

L'analyse des quatre carrés révèle la distribution et le niveau d'occupation des champs par les différentes variétés de niébé (Tableau 6). Elle est liée aux critères de préférence. L'analyse révèle qu'en moyenne trois variétés de niébé sont cultivées par beaucoup de ménages sur de grandes superficies. Ces variétés (*Azanyi, Dapango, Bieng oune, Amélassiwa, Tcharabaou*, etc) sont celles qui ont un cycle végétatif court, un bon goût, une forte valeur marchande, une facilité d'adaptation à une association culturale, un rendement élevé et une tolérance aux variabilités climatiques. Elles sont considérées comme des variétés élites. En moyenne, une variété est cultivée par beaucoup de ménages et sur de petites superficies. Ces variétés sont généralement productives et à cycle végétatif court mais elles ont une faible valeur marchande et sont souvent utilisées en période de soudure. Il s'agit de *Kétchéyi, Tinkou*, etc. Les variétés cultivées par peu de ménages et sur de grandes superficies (*Gban molou, Sounbana*, etc) sont celles dont la culture est tributaire des traitements phytosanitaires et sont pour la plupart des variétés nouvellement introduites. La moyenne de ce cadran est nulle. Deux variétés en moyenne sont cultivées par peu de ménages et sur de petites superficies. Il s'agit essentiellement de *Ayi djin, Malgbong, Kampirigbène, Sononini*, etc caractérisées par une faible productivité, une faible résistance à la conservation et une inadaptabilité à tout type de sol. De plus, certaines d'entre elles font l'objet des préjugés sociaux comme causant une faiblesse sexuelle. Ces variétés sont fortement menacées de disparition.

Tableau 6 : richesse variétale, distribution, étendue et taux de perte de diversité

Régions	Villages	NTV	DET				NVD	TPV
			M+ S+	M+ S-	M- S+	M- S-		
Centrale	Diguina	8	1	0	0	7	3	37,5
	Kassi	9	2	3	0	4	2	22,22
	Kablè Kopé	7	1	0	0	6	4	57,14
	Déréboua	6	1	0	0	4	2	33,33
	Yara Kabyè	6	4	1	0	1	2	33,33
	Tabindè-Pouda	4	3	0	0	1	0	0
	Lidawè	3	1	0	1	1	0	0
	Défalé	7	5	0	0	2	2	28,57
	Sagbadai	4	0	0	1	3	1	25
	Koubo-Woro	4	0	3	0	1	1	25
	Atchibodow	2	0	2	0	0	0	0
Kara	Tchikawa	6	2	1	0	3	1	33,33
	Bouloula	4	3	0	0	1	1	25
	Kolo	7	5	0	0	1	1	14,28
	Kawa	4	1	0	1	2	0	0
	Malfakassa	5	4	0	1	0	0	0
	Houlourè	2	1	0	0	1	0	0
	Déouté	5	2	0	0	3	3	60
	Ténéga	9	2	2	0	5	3	33,33
	Konfaga	4	2	0	0	2	1	25
Maritime	Togba	4	2	0	1	1	0	0
	Wli Centre	6	4	0	0	2	1	16,66
	Dzafi	10	3	1	2	4	6	60
	Vo Kponou	11	4	0	4	3	2	18,18
	Akodésséwa	8	0	2	2	4	4	50
	Gbodjomé	10	6	1	2	1	2	20
	Yoto Kopé	13	6	0	1	6	6	46,15
	Adoukoé	4	2	0	1	0	0	0

Région	Village	NTV	M+S+	M+S-	M-S+	M-S-	NVD	TPV
Plateaux	Goudohoé	4	2	2	0	0	0	0
	Avédji	6	1	2	1	2	1	16,66
	Didomé	4	2	0	0	2	0	0
	Tomé	8	3	1	2	2	2	25
	Nyidové	3	3	0	0	0	0	0
	Atimado	5	2	1	0	2	2	40
	Kopégan	5	2	1	1	1	1	25
	Djéréhouyé	7	3	0	0	4	2	28,57
	Périmètre	7	3	2	1	1	0	0
	Konakry	4	2	0	0	2	1	25
	Kakocopé	5	3	0	1	1	1	20
	Hédomé	10	2	2	0	6	5	50
Savanes	Sanloaga	3	2	0	0	1	1	33,33
	Djantchogou	3	3	0	0	0	0	0
	Katindi	6	2	0	0	2	1	16,66
	Nagbéni	9	5	0	0	4	2	22,22
	Soungou	6	4	0	0	2	1	16,66
	Nagou	6	3	0	0	3	1	16,66
	Tonte	2	2	0	0	0	0	0
	Goulougoussi	3	2	0	0	1	0	0
	Galangashi	7	5	0	0	2	1	14,28
	Safobé 2	4	2	1	0	1	1	25
Moyenne		6	3	1	0	2	1	2.51

NTV : nombre total de variétés ; M+S+ : beaucoup de ménages et grandes superficies ; M+S- : beaucoup de ménages et petites superficies ; M-S+ : peu de ménages et grandes superficies ; M-S- : peu de ménages et petites superficies ; NVD : nombre de variétés en disparition ; TPV : taux de perte de variétés.

Tableau 7 : synthèse de l'état de la richesse variétale du niébé sur le plan régional

Régions	NV	NMiV	NMaV	Moyenne
Maritime	8	4	13	8±3,32
Plateaux	12	3	10	6±2,01
Centrale	11	2	9	6±2,2
Kara	9	2	9	5±2,02
Savanes	10	2	9	5±2,23
Zone d'étude	50	2	13	6±2,51

NV : nombre de villages ; NMiV : nombre minimal de variétés ; NMaV : nombre maximal de variétés

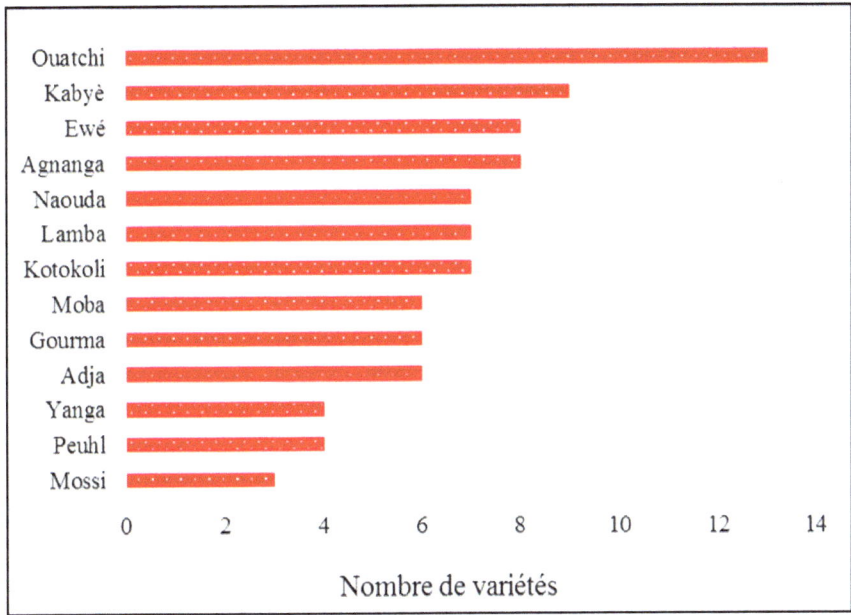

Figure 6 : richesse variétale au niveau des groupes ethniques enquêtés

2.3.5. Taux de perte des variétés de niébé.

Le taux de perte des variétés varie selon les localités (Tableau 6). Dans les villages comme Goudohoé, Didomé, Nyidové, Dantchogou, Tabindè-Pouda, Lidawè, Kawa, Malfakassa, Houlourè, Périmètre, Tonte, Goulougoussi, Adoukoé et Atchibodow aucune variété en disparition n'a été notée. Ce taux varie de 14,28 % à Kolo à 60 % à Dzafi avec un taux moyen de 27,09 %. Certaines variétés ne sont plus cultivées dans certains villages prospectés (Tableau 8). Sur le plan ethnique, c'est l'ethnie Ouatchi qui détient le taux le plus élevé de perte de variétés (Tableau 9).

Tableau 8 : noms locaux des variétés abandonnées par les populaltions locales

Villages	NTVA	Nom vernaculaire des variétés abandonnées
Avédji	1	Azangba
Diguina	3	Sononini, Gbédéfouba, Kétchéyi
Wli Centre	1	Kablèyi
Tomé	2	Ayi djin, Tcharabaou djin
Atimado	2	Alindé
Kopégan	1	Katchakè
Sanloaga	1	Atoudjala
Katindi	1	Malgbong bomoine
Nagbéni	2	Toumounni, Kassandag
Tchikawa	1	Héwou n'tanssemourè, Too-tchara
Kassi	2	Koufado, Héwou n'zouloumiè
Bouloula	1	Kachéyi
Kablè Kopé	4	Héwou N'zouloumiè, Macaroni, Yelengo, Katchéyi Koussèmo
Déréboua	2	Kétchéyi Koukpèdo, Héwou n'zouloumiè
Yara Kabyè	2	Kétchéyi Koukpèdo, Tinzona
Djéréhouyé	2	Tchéwo, Ankawara
Kolo	1	Féwou N'zouloumo
Défalé	2	Vitoko, Silsemer
Déouté	3	Simpindé, Kotokoniou, Singnoré
Soungou	1	Sadji
Nagou	1	Alacante
Ténéga	3	Djodjowou, Nadjelmga, Kounaban,
Konfaga	1	Tinkou
Sagbadai	1	Hèkou-hèkou
Konakry	1	Alindé noir
Kakocopé	1	Macaroni
Galangashi	1	Etouboua
Hédomé	5	Tawavi, Dakarvi, Tchénabawa, Togo grain, Atsoussikpodjézomé
Dzafi	6	Atsoussikpodjézomé, Tokouviha, Kpoyidji, Sodjadéawoudéadè, Ayidjin, Vita 5
Vo Kponou	2	Togo grain, Agbéyi
Akodésséwa	4	Kpédéviyi, Togbéyi, Sodjadéawoudéadè, Kpoyidji
Gbodjomé	2	Agblétogboyi, Téklikoè
Yoto Kopé	6	Vita 5, Atintiyi, Ayidjin, Sodjadéawoudadè, Kpoyidji, Voyi
Koubo-Woro	1	Féwou n'zoulomou
Safobé 2	1	Talnidbe

NTVA : nombre total de variétés abandonnées

Tableau 9 : taux de perte de diversité suivant les groupes ethniques

Ethnies	NV	NVD	TPV
Adja	6	1	16,66
Agnanga	8	3	37,5
Ewé	8	2	25
Gourma	9	1	11,11
Kabyè	9	4	44,44
Kotokoli	7	1	14,28
Lamba	7	3	42,85
Moba	6	1	16,66
Mossi	3	0	0
Naouda	9	3	33,33
Natchab	7	1	14,28
Ouatchi	13	6	46,15
Peulh	4	1	25
Yanga	4	1	25

NV : nombre de variétés locales ; NVD : nombre de variétés en disparition ; TPV : taux de perte de variétés.

2.3.6. Distribution des variétés de niébé

L'analyse de la distribution et de l'étendue des variétés recensées (Tableau 6), montre que sur les six variétés cultivées en moyenne par village, seules trois

Tableau 10 : liste de quelques variétés valorisables en amélioration variétale avec leurs cycles et distribution-étendue

Nom vernaculaire	Cycle (mois)	Distribution et étendue
Ginsibibe	3	Diguina (M+S+)
Azanyi	2	Avédji (M+S+), Goudohoé (M+S+), Gbodjomé (M+S+)
Ayi djin	3	Goudohoé (M+S+), Avédji (M+S+), Wli (M+S+), Nyidové (M+S+), Tomé (M-S-), Hédomé (M-S-), Dzafi (M+S+), Vo Kponou (M-S+), Gbodjomé (M+S+)
Tcharabaou	3	Togba (M+S+), Kopégan (M+S+), Tomé (M+S+), Nyidové (M+S+), Dzafi (M+S+), Gbodjomé (M+S+)

Ayihé	3	Wli (M+S+)
Agamasikè	2	Didomé (M+S+)
Alindé	3	Didomé (M+S+), Kopégan (M+S+), Tomé (M+S+), Nyidové (M+S+), Atimado (M-S-), Djéréhouyé (M-S-), Périmètre (M+S+), Konakry (M+S+), Kako copé (M+S+), Dzafi (M+S+)
Amélassiwa	2	Atimado (M+S+), Konakry (M+S+), Dzafi (M+S+), Vo Kponou (M+S+)
Gouarga	3	Sonloaga (M+S+)
Téléga	3	Sonloaga (M+S+), Djantchougou (M+S+)
Golenga	2	Djantchougou (M+S+)
Atougbenda	3	Djantchougou (M+S+)
Otoussiagou	3	Katindi (M+S+)
Siorktouni	1,5	Nagbéni (M+S+)
Kampirigbène	3	Nagbéni (M+S+)
Tossiork	3	Nagbéni (M+S+), Soungou (M+S+), Nagou (M+S+)
Toufale	5	Nagbéni (M+S+)
Malgbong bopiène	2	Nagbéni (M+S+)
Dapango	3	Djéréhouyé (M+S+), Tabindè (M+S+), Déréboua (M+S+), Kassi (M+S+), Tchikawa (M+S+), Boulola (M+S+), Kablè kopé M-S-), Malfakassa (M-S+), Défalé (M+S+), Fonfaga (M+S+), Ténéga (M+S+), Konakry (M-S-)
Yandaou	2	Djéréhouyé (M+S+), Lidawè (M+S+), Défalé (M+S+), Kako copé (M+S+)
Vita 5	4	Lidawè (M+S+)
Nkawara	3	Tabindè (M+S+), Kawa (M-S+), Kolo (M+S+), Malfakassa (M+S+)
Tchewo	3	Tabindè (M+S+), Déréboua (M-S-), Yara kabyè (M+S+), Kawa (M+S+)
Toua	3,5	Kassi (M+S+)
Héwou n'tassèmourè	3	Boulola (M+S+)
Sona koussèmo	3	Boulola (M+S+)
Nikola	3	Kablè kopé M-S-)
Kétchéyi koussèmo	1,5	Yara kabyè (M+S+)
Vitoco	2,5	Yara kabyè (M+S+), Périmètre (M+S+)

GESTION PAYSANNE . 51

Sona dissona	2,5	Yara kabyè (M+S+)
Tchewo koubong	2	Kolo (M+S+), Malfakassa (M+S+)
Tchewo koumouka	2	Kolo (M+S+), Malfakassa (M+S+)
Kétchéyi dere	2,5	Kolo (M+S+)
Fewou n'zouloumo	4	Malfakassa (M+S+)
Chenflmir	3	Défalé (M+S+)
Kétchéyi	1,5	Défalé (M+S+)
Kataté	2	Défalé (M+S+)
Simporé	3	Deouté (M+S+), Houlourè (M+S+)
Simpayo	3	Deouté (M+S+), Houlourè (M-S+)
45 jours rouge	1,5	Périmètre (M+S+)
Pélam	4	Soungou (M+S+)
Toboni	4	Soungou (M+S+), Nagou (M+S+)
Kampirigbène	2	Soungou (M+S+)
Toi	2	Nagou (M+S+), Tonte (M+S+)
Sadji	1,5	Tonte (M+S+), Nagou (M-S-)
Bieng nomio	4	Goulougoussi (M+S+)
Bieng sablega	3	Goulougoussi (M+S+)
Lamga	3	Fonfaga (M+S+)
Kassihan molga	2	Ténéga (M+S+)
Sotouboua	3	Kako copé (M+S+)
Kanganegbene	2,5	Galangashi (M+S+)
Etoupiène	4	Galangashi (M+S+)
Etougnognoli	2	Galangashi (M+S+)
Esatoun	1,5	Galangashi (M+S+)
Itouloka	1,5	Galangashi (M+S+)
Kpédéviyi	2,5	Hédomé (M+S+), Gbodjomé (M+S+)
Katchakè	4	Dzafi (M+S+)
Kpoyidji	3	Dzafi (M+S+), Hédomé (M-S+), Gbodjomé (M+S+)
Voyi	4	Dzafi (M+S+)
Dakarvi	2	Vo Kponou (M+S+)
Yeboua	3	Vo Kponou (M+S+)
Gbanmolou	2,5	Vo Kponou (M+S+), Gbodjomé (M+S+)
Damadoami	2,5	Gbodjomé (M+S+)
Kpokpobo	3	Vo Kponou (M+S+)

existent dans beaucoup de ménages et cultivés sur de grandes superficies. Ces variétés peuvent être appelés " variétés élites " (Tableau 10).

2.4. Discussion

Cette étude met en évidence la diversité, la distribution et l'étendue des variétés de niébé au Togo. Elle a impliqué beaucoup d'agriculteurs de différents systèmes agricoles, de différents groupes ethniques et de conditions socio-économiques diverses. Le niébé, bien que comportant d'énormes potentialités et intervenant dans la sécurité alimentaire, est malheureusement confronté à diverses contraintes qui entravent sa production d'où l'urgence de l'utilisation des variétés performantes. Ces dernières doivent tenir compte des aléas climatiques, des maladies, des ravageurs et de la pauvreté des terres cultivables qui diminuent leurs rendements.

2.4.1. Nomination des variétés de niébé

La taxonomie locale est d'une importance capitale dans la connaissance parfaite du système traditionnel de classification. Sa valeur dans la gestion et la conservation des cultures a été rapportée par plusieurs auteurs sur d'autres spéculations telles que le manioc et le fonio (Sambatti *et al.*, 2001; Adoukonou-Sagbadja *et al.*, 2006). Le nom local est l'unité de base que les producteurs utilisent dans la gestion et la sélection de ces ressources génétiques (Jarvis *et al.*, 2000). Ainsi, ce savoir peut-il avoir un effet sur la diversité génétique et l'évolution de la plante (Adoukonou-Sagbadja *et al.*, 2006 ; Missihoun *et al.*, 2012). Le nom local d'une variété peut être révélateur de la provénance, d'autres du goût et du caractère qualitatif. Dans le groupe ethnique Adja-Ewé, la variété *Ayi djin* ainsi appelée pour la couleur de la graine est très utilisée dans les cérémonies traditionnelles. Par conséquent, tant que ces cérémonies seront pratiquées, la culture de *Ayi djin* serait pérenne chez ce groupe ethnique. Certaines variétés locales portent le nom correspondant à deux critères de dénomination. En revanche, certaines variétés portent des noms qui n'ont aucune signification particulière et se retrouvent dans la quasi-totalité des groupes ethniques enquêtés. Il s'agit de *Kétchéyi* dans la plupart des cas. Dans le cadre de cette étude, la diversité nommée est très importante due au fait qu'une variété peut porter différents noms à travers les différents groupes ethniques.

2.4.2. Contraintes à la production du niébé

Les producteurs ont cité 12 facteurs limitants pour la culture du niébé à travers les différents villages du Togo. La contrainte majeure citée est l'attaque des insectes au champ (96 %). Cette contrainte n'est pas spécifique au Togo. En effet, l'attaque des insectes est connue comme la contrainte majeure à la production du niébé en Afrique (Adipala *et al.*, 2000 ; Asante *et al.*, 2001 ; Makoi *et al.*, 2010 ; Egbadzor *et al.*, 2013) et dans les autres régions où la culture est faite (Jackai, 1986). Les producteurs dans cette étude ont confirmé l'attaque des insectes comme leur plus grand souci, comme ce fut le cas à Ho au Ghana (Egbadzor *et al.*, 2013). L'autre souci des producteurs est l'attaque des insectes qui se poursuit jusqu'au stockage. D'après les producteurs de niébé, les variétés à graines rouges sont très vulnérables aux attaques des insectes au cours du stockage, et de plus, ils ne cuisent pas vite lorsqu'elles sont stockées sur une longue période. Les mêmes problèmes sont soulignés par Egbadzor *et al.* (2013) au Ghana.

Un nombre assez important de producteurs pensent que les variabilités climatiques font aussi partie des facteurs entravant la culture du niébé bien que le niébé soit une culture à cycle relativement court et tolérante à la sécheresse (Muchero *et al.*, 2009). La sécheresse et le retard de pluie prolongent la date de semis du niébé, ce qui entraine la production des gousses dans une période où prolifèrent les insectes, ce qui a été souligné par les producteurs. La prolongation de la période de pluie entraîne une diminution du rendement par une production excessive de fourrage, réduisant la productivité. De la même façon, les producteurs affirment aussi que leurs faibles moyens financiers constituent un facteur limitant pour la culture du niébé spécialement pour l'achat des insecticides et des dispositifs performants pour le stockage, et l'accès à la main d'œuvre. Les mauvaises herbes telles que *Cyperus spp* ont été identifiées par les producteurs comme un problème à la culture du niébé, mais d'autres considèrent qu'un bon entretien du champ diminue significativement l'action des mauvaises herbes. La contrainte la plus importante révélée par cette étude est l'attaque des insectes.

2.4.3. Traits de préférence du niébé

Comme une réponse directe aux contraintes, la quasi-totalité des producteurs du niébé accordent leur préférence aux variétés résistant aux attaques au champ et au stockage. Des résultats similaires ont été obtenus au Bénin sur le niébé par Gbaguidi *et al.* (2013). Chez le niébé, les insectes présents au champ et pendant le stockage causent des dégâts qui peuvent entraîner jusqu'à 100 % de perte (Sariah, 2010 ; Niba *et al.,* 2011). La précocité est aussi désirée à cause du raccourcissement des périodes pluviales. La productivité est aussi un trait intéressant désiré par les producteurs togolais comme leurs homologues du Ghana (Egbadzor *et al.*, 2013), or la productivité chez une plante dépend du niveau d'attaque de cette plante par les insectes.

Le goût est aussi un trait important cité dans le choix du niébé à cultiver et à consommer d'après les enquêtes de groupe. La majorité des producteurs déclarent qu'une variété qui n'est pas douce, n'est pas acceptable, et ne sera pas bien vendue.

Parmi les traits prioritaires, la couleur de la graine (autre que blanche) ne semble pas être un caractère prisé au cours des discussions de focus group. En effet, la plupart des variétés dont les produits sont commercialisés et qui ont une forte valeur marchande d'après les producteurs sont à graine blanche. Ceci est en accord avec les études de Langyintuo *et al.* (2004) qui ont rapporté que les variétés de niébé vendues sur les marchés au Ghana et au Cameroun sont à graine blanche.

Parmi les caractères préférés, la taille des graines de niébé est peu citée, or selon Langyintuo *et al.* (2004), au Cameroun tout comme au Ghana, les commerçants préfèrent les grosses graines aux dépens des petites. Les producteurs et les vendeurs de nourriture préfèrent aussi les grosses graines. D'après Egbadzor *et al.* (2013), les consommateurs de niébé au Ghana sont prêts à payer cher les grosses graines, comme c'est le cas dans la plupart des autres pays de l'Afrique de l'Ouest tel reporté par Mishili *et al.* (2007). Ceci montre que l'amélioration de la taille des graines de niébé augmenterait sa clientèle. Ainsi, les traits à améliorer sur le niébé d'après les producteurs sont la résistance aux attaques des insectes, le rendement, l'adaptation aux variabilités climatiques et aussi la taille des graines comme c'est aussi le cas chez les producteurs du niébé du Ghana (Egbadzor *et al.*, 2013).

2.4.4. Diversité variétale, distribution et étendue des variétés

Sur les 289 accessions de niébé recensées dans cette étude, seules 125 peuvent être considérées comme des variétés élites. Ces variétés élites sont celles présentant des caractéristiques intéressantes du point de vue agronomique et culinaire. L'indice de diversité de Shannon calculé dans le cadre de cette étude est supérieur à celui calculé par Gbaguidi *et al.* en 2013 (H' = 3,31) au Bénin. Cet indice montre qu'il existe au Togo une grande diversité variétale. L'importance relative des variétés non-élites soutient l'hypothèse selon laquelle les producteurs du Togo pratiquent encore une agriculture de subsistance. Il est peu probable que les 147 variétés de niébé différemment nommées identifiées à travers les villages puissent correspondre à 147 individus. En effet, dans le système de nomenclature vernaculaire de variétés de plantes d'une manière générale, les noms varient d'une ethnie à une autre et d'un village à un autre au sein de la même zone ethnique (Dansi *et al.*, 2013). A travers des villages, une même variété peut être désignée par différents noms et des variétés différentes peuvent parfois porter le même nom (Tamiru *et al.*, 2008 ; Dansi *et al.*, 2013 ; Gbaguidi *et al.*, 2013 ; Agre *et al.*, 2015). Le polymorphisme linguistique peut conduire à une surestimation de la diversité basée sur les variétés locales nommées (Tamiru *et al.*, 2008). Ainsi, pour clarifier les synonymies et faciliter l'utilisation efficiente des variétés locales, celles-ci doivent être collectées et caractérisées aussi bien sur la base des marqueurs morphologiques que moléculaires (Dansi *et al.*, 2013 ; Agre *et al.*, 2015). Chaque ménage entretient différentes variétés locales avec leurs caractéristiques pour des usages polyvalents. La plupart des variétés locales, qui sont menacées d'abandon, sont soit à faible productivité ou à cycle long. Ce résultat est en accord avec ceux rapportés par Gasura et Mukasa (2010) qui ont établi que le faible rendement est la plus importante cause d'abandon des variétés locales.

Certaines variétés élites ont été répertoriées dans plus de trois villages à la fois. Cette distribution à grande échelle de ces variétés élites conteste l'idée selon laquelle les systèmes agricoles traditionnels sont isolés et fermés, avec échange limité de matériel génétique (Tamiru *et al.*, 2008). En outre, selon les mêmes auteurs, ce résultat dépeint les systèmes agricoles traditionnels comme plutôt ouverts et dynamiques, où les réseaux locaux existent pour déplacer le matériel dans des zones plus larges et dans des environnements hétérogènes. En dépit de la diversité existante (six variétés en moyenne par village) dans la zone d'étude, seules trois variétés étaient élites. Ces variétés par village sont largement cultivées principalement en raison de leur haute productivité et de leur précocité. D'autres, en dépit de leurs faibles performances sont encore cultivées pour nourrir la famille. Les agriculteurs maintiennent diverses variétés de niébé, non seulement, par rapport à des attributs tels la haute productivité, l'adaptation à l'environnement et la durée du cycle, mais aussi pour leur propre habitude de consommation.

L'analyse de la distribution et de l'étendue a révélé que la moyenne des variétés élites est de trois sur le plan national, résultat identique à celui obtenu au Bénin sur la même culture (Gbaguidi *et al.*, 2013). Les travaux réalisés sur d'autres spéculations telles que l'igname (Dansi *et al.*, 2013), la patate douce (Glato, 2016), le fonio (Adoukonou-Sagbadja *et al.*, 2006 ; Dansi *et al.*, 2010), le sorgho (Missihoun *et al.*, 2012) et le manioc (Kombo *et al.*, 2012 ; Agre *et al.*, 2015) confirment ce résultat.

Le taux de perte des variétés varie selon les villages. Toutefois, le taux moyen de perte de variétés est de 27,09 %, un taux similaire à celui du niébé au Bénin qui est de l'ordre de 28 % (Gbaguidi *et al.*, 2013). Les taux nuls observés dans certains villages ne signifient pas une meilleure conservation mais plutôt que le seuil maximum d'abandon de variétés est atteint. Des résultats similaires ont été observés sur le fonio (Dansi *et al.*, 2010), l'igname (Dansi *et al.*, 2013 ; Loko *et al.*, 2013), le niébé (Gbaguidi *et al.*, 2013), le piment (Orobiyi *et al.*, 2013) et le manioc (Agré *et al.*, 2015). En outre, il peut s'agir de la concentration de production d'un petit nombre de variétés à haut rendement et à haute valeur marchande comme l'ont souligné Orobiyi *et al.* (2013). Les taux de perte élevés dans certains villages peuvent signifier que ces derniers cultivent des variétés en fonction de la demande du marché et qu'ils sont toujours à la recherche de meilleures variétés qui répondent à cette demande. Ce faisant, ils perdent les variétés anciennes à des taux élevés.

Dans la plupart des villages prospectés, le taux de perte de variétés est élevé d'où la nécessité de développer des stratégies et des approches afin d'assurer la conservation durable à travers l'utilisation de la diversité du niébé telle que recommandées par Gbaguidi *et al.* (2013). Les variétés élites qui sont des variétés cultivées par beaucoup de ménages sur de grandes superficies ne sont pas menacées et peuvent simplement faire l'objet d'une conservation *in situ* (Jarvis *et al.*, 2000 ; Agre *et al.*, 2015). En revanche les variétés menacées de disparition qui sont des variétés cultivées par peu de ménages sur de petites surperficies requièrent une attention particulière sur le plan de la conservation. Afin de préserver ces variétés vulnérables, il faut une préservation *ex situ* (Agre *et al.*, 2015). Selon Jarvis *et al.* (2000), les variétés cultivées par peu de ménages sur de grandes superficies et les variétés cultivées par beaucoup de ménages sur de petites superficies méritent une conservation *in situ* et *ex situ*.

2.5. Conclusion partielle

Cette étude montre que le Togo est dotée d'une grande diversité variétale qui constitue un reservoir de gènes disponibles pour la sélection et l'amélioration des variétés de niébé. Toutefois, cette diversité est menacée. Pour préserver cette diversité il urge de mettre en place des stratégies de conservation. Afin de mettre en place des stratégies de conservation de cette diversité déjà existante, il est important de documenter les connaissances sur les techniques ancestrales en matière de conservation et de techniques agricoles.

3

PRATIQUES PAYSANNES ET STRATEGIES DE CONSERVATION DU NIEBE

3.1. Introduction

Au Togo, le niébé constitue une source importante d'alimentation et contribue largement à la sécurité alimentaire des populations. Diverses variétés de niébé y sont cultivées. Cependant la sélection des variétés à mettre au champ s'opère en tenant compte de certains facteurs. Le système de diffusion des semences, les pratiques de sélection et les critères de choix des agriculteurs pour maintenir et cultiver des variétés sont des composantes essentielles de la dynamique paysanne, et ont des impacts directs sur la structure génétique des populations des plantes cultivées, en particulier dans les régions encore peu touchées par la modernisation de l'agriculture (Wright et Turner, 1999). La caractérisation de ces pratiques constitue un préalable à tout projet de gestion dynamique de la diversité visant la conservation de la diversité actuelle et/ou la diffusion de nouvelles variétés. Au Togo, très peu d'études détaillées pour documenter le cadre conceptuel des facteurs qui influencent la gestion par les producteurs des variétés et des semences ont été faites. Ainsi, la compréhension de la façon dont les agriculteurs traditionnels préservent et gèrent les ressources phytogénétiques demeure un important défi en matière de recherche. Selon Altieri et Merrick (1987), la gestion des ressources génétiques végétales ne se limite pas à rassembler des génotypes d'espèces indigènes cultivées et des variétés sauvages apparentées, mais elle comprend aussi l'étude des interactions écologiques, du flux génique, ainsi que des connaissances et du savoir des populations humaines qui sélectionnent et cultivent les plantes locales. Ainsi, l'objectif général de ce chapitre est d'identifier, à partir des enquêtes ethnobotaniques, les stratégies de gestion en milieu paysan des variétés de niébé. De manière spécifique, il s'agit de (i) comprendre les mécanismes d'accès aux semences et (ii) d'identifier les stratégies de gestion et de conservation en milieu paysan.

3.2. Méthodologie

3.2.1. Zone d'étude

Les enquêtes individuelles se sont déroulées dans les mêmes villages que ceux des enquêtes de groupe, c'est-à-dire au cours des missions de prospection de 2014, 2015 et 2016, ce qui fait un total de 50 villages sur toute l'étendue du territoire.

3.2.2. Collecte des données d'enquête individuelle

L'entretien individuel a été réalisé dans les ménages cultivant le niébé et choisi par la méthode de transect (Dansi *et al.*, 2008). Dans chaque village sept à 12 ménages ont été interviewés et dans chaque ménage, la personne à interviewer est désignée d'un commun accord par le couple hôte (Christinck *et al.*, 2000) (Figure 7). Cette phase de l'enquête a pour but de documenter le niveau de la diversité variétale au niveau de chaque ménage et de comprendre les critères de préférence et de sélection d'une variété par un paysan, l'origine de ses semences, son expérience dans la culture du niébé, les variétés de niébé utilisées, les raisons qui font qu'il ne cultive plus certaines de ces variétés, sa volonté ou non de compléter lesdites variétés, le nombre de champs de niébé dont il dispose, le mode de gestion de ses variétés aux champs (en association avec d'autres cultures, en culture mono- ou poly-variétale), la méthode de sélection des semences et comment elles sont conservées. Au total, 418 ménages ont été enquêtés. Les entretiens ont été libres, ouverts et sans contrainte de temps tels que recommandés par Christinck *et al.* (2000).

Figure 7: enquêtes individuelles (A) à Nangbéni et (B) à Konfaga

3.2.3. Analyses statistiques des données d'enquête individuelle

La statistique descriptive (moyenne, pourcentage, écart type etc.) a été utilisée pour analyser les différents résultats obtenus au cours de l'étude et les résultats sont présentés sous forme de figures et de tableaux de synthèse.

3.3. Résultats

3.3.1. Caractéristiques des ménages enquêtés

Les enquêtes ethnobotaniques sont effectuées auprès de 418 producteurs composés de 72 % d'hommes et de 28 % de femmes. 40,4 % de ces enquêtés n'ont pas reçu une éducation formelle tandis que 59,6 % en ont reçu avec 25,4 de niveau primaire et 34 % de niveau secondaire et plus.

La tranche d'âges des enquêtés varie entre 20 et 86 ans, avec une moyenne de 42,86 (Figure 8).

Le producteur le plus expérimenté dans la culture du niébé a 63 ans et le moins exérimenté a 5 ans d'expérience (Figure 9).

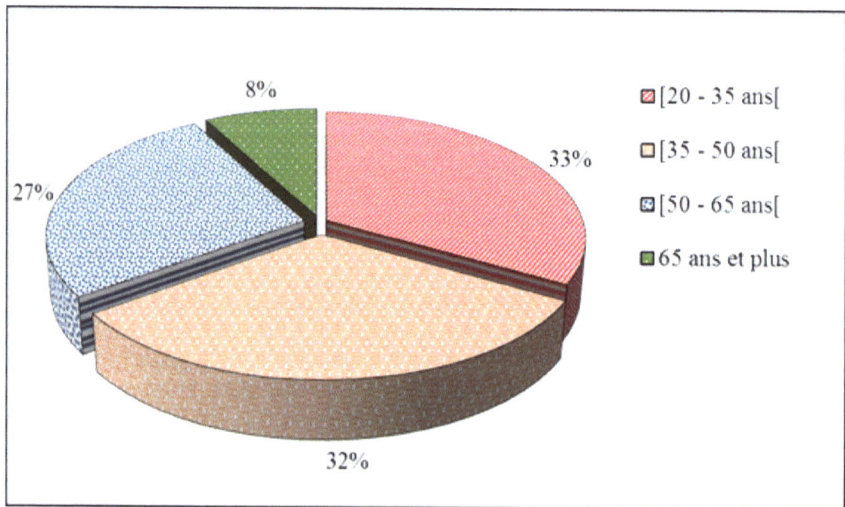

Figure 8 : *répartition des producteurs par tranches d'âge au Togo*

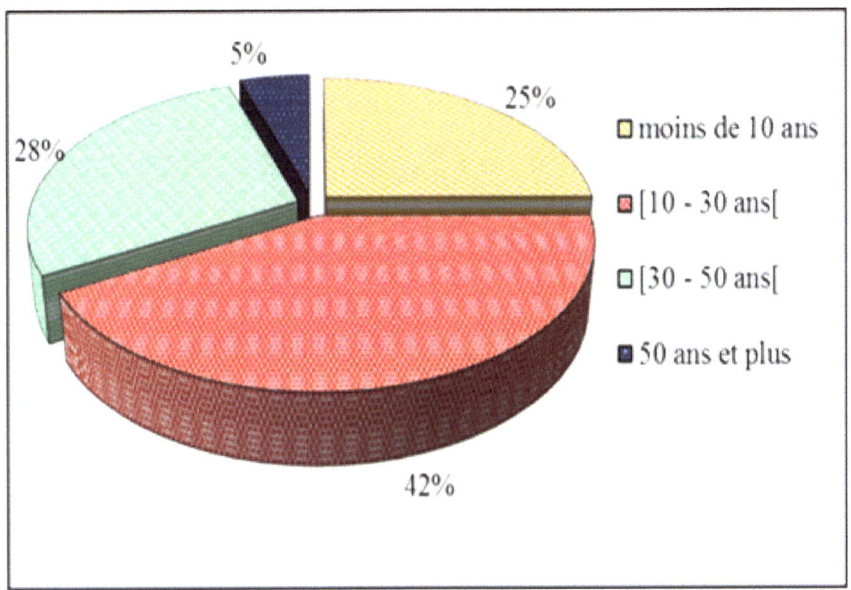

Figure 9 : *répartition des producteurs par années d'expérience au Togo*

La taille des ménages varie de un à 18 individus, avec une moyenne de sept individus et la majorité (46,5 %) compte six à dix personnes. Quarante pourcents (40 %) des ménages enquêtés ont une taille de un à cinq personnes et seulement 13,5 % ont une taille de plus de dix personnes (Figure 10).

Au sein de la population enquêtée, 55 % des répondants ont un champ d'une superficie totale comprise entre 2 et 6 ha. Vingt-deux pourcents (22 %) des enquêtés exploitent des superficies comprises entre 6 et 10 ha, 19 % ont moins de 2 ha et seulement 4 % possèdent des superficies dépassant 10 ha (Figure 11). La moyenne de la superficie cultivée est de 3 ha. La main d'œuvre par producteur enquêté varie de une à 13 personnes avec une moyenne de trois personnes dans la zone d'étude. La taille de l'exploitation varie entre 0,25 et 4 ha, avec une moyenne de 0,75 ha.

La majorité des producteurs ne cultivent le niébé que sur moins d'1 ha (86 %), 12 % sur 1 à 3 ha et seuls 2 % des enquêtés font la culture du niébé sur plus de 3 ha (Figure 12). Ainsi la superficie moyenne emblavée pour le niébé est de 0,75 ha par producteur.

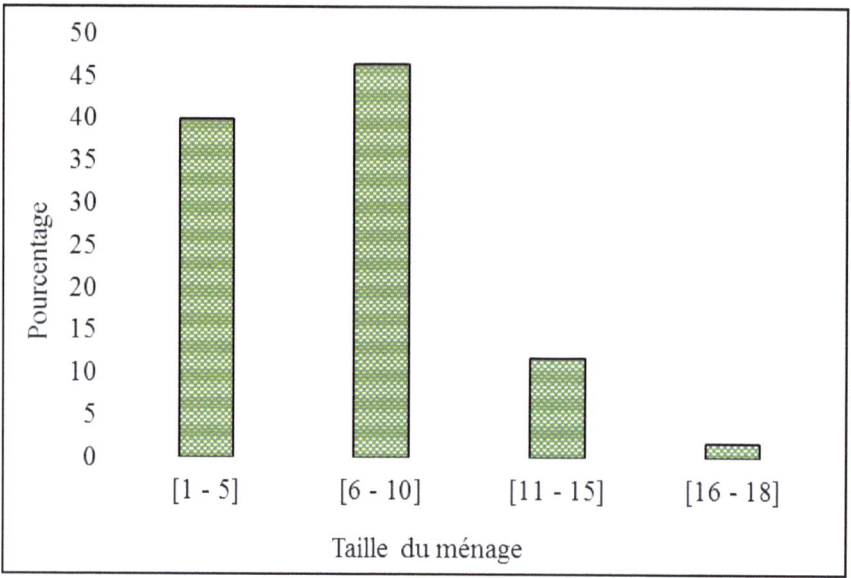

Figure 10 : répartition des ménages enquêtés selon la taille au Togo

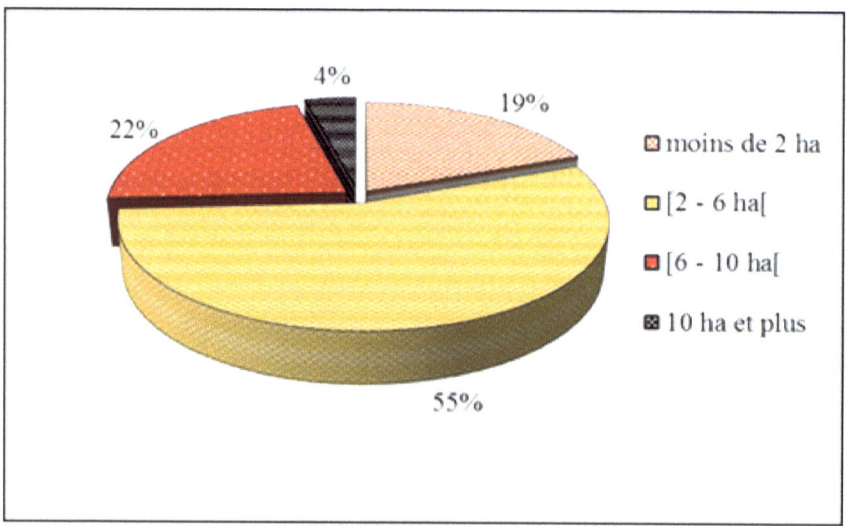

Figure 11 : répartition des superficies de champ exploitées par les enquêtés au Togo

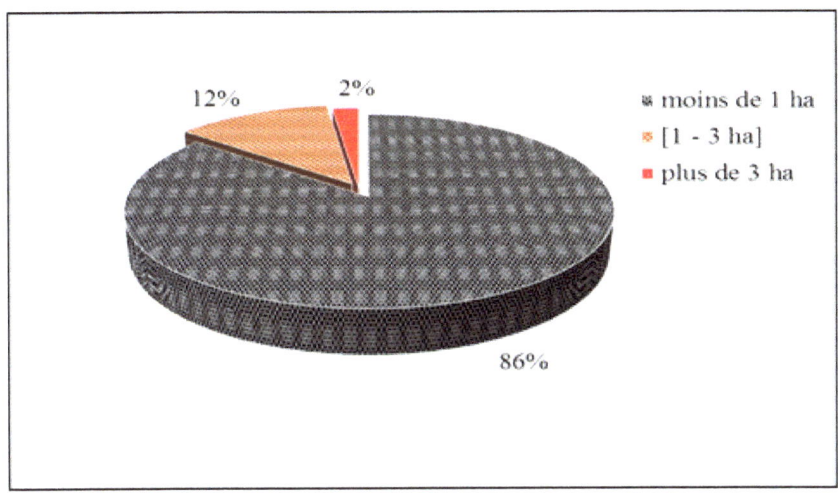

Figure 12 : *répartition des superficies (ha) emblavées par la culture du niébé au Togo*

3.3.2. Richesse variétale et paramètres sociodémographiques

Il existe une forte corrélation positive entre l'âge et l'expérience d'une part et une corrélation négative entre l'âge et la superficie emblavée par le niébé (Tableau 11). En outre, il n'existe pas de corrélation entre le nombre de variétés et les paramètres sociodémographiques.

Dans les ménages enquêtés, le nombre de variétés varie de un à six avec une moyenne d'environ deux (Tableau 12). Les régions des Plateaux et Maritime enregistrent le maximum de variétés soit respectivement six et cinq par ménage.

Tableau 11 : corrélation entre la richesse variétale et les paramètres sociodémographiques au Togo

	Age	Taille du ménage	Années d'expérience	Actifs agricoles	Superficie	Nombre de variétés
Age	1					
Taille du ménage	0,43 *	1				
Années d'expérience	0,89 *	0,41	1			
Actifs agricoles	0,16	0,46	0,18	1		
Superficie	-0,11	0,07	-0,06	0,09	1	
Nombre de variétés	0,1	0,03	0,1	0,07	0,05	1

* : différence significative au seuil de 1 %

Tableau 12 : richesse variétale par ménage et par région au Togo

Régions	Minimum	Maximum	Moyenne
Maritime	1	5	2,18
Plateaux	1	6	1,91
Centrale	1	4	1,21
Kara	1	4	1,56
Savanes	1	3	1,67
Moyenne	1	4,4	1,7

La plupart des ménages enquêtés soit 50 % emblavent leurs champs avec une seule variété. Sur les 418 ménages investigués, 195 ménages utilisent deux à trois variétés dans leurs champs. Les ménages enquêtés qui emblavent leurs champs avec quatre à cinq variétés représentent 2,8 % et un seul ménage déclare avoir utilisé six variétés pour emblaver son champ et ce ménage est installé à Périmètre, dans la région des Plateaux (Tableau 13).

Tableau 13 : richesse variétale dans les ménages au niveau régional au Togo

Régions	Nombre de variétés par ménage				Total
	1	[2 - 3]	[4 - 5]	6	
Maritime	17	36	5	0	58
Plateaux	27	56	3	1	87
Centrale	81	16	1	0	98
Kara	39	34	1	0	74
Savanes	46	53	2	0	101
Total	210	195	12	1	418

Tenant compte des ethnies, le nombre minimal de variétés est le même dans les 418 ménages enquêtés (une variété). Par contre, une variabilité sur le nombre maximal de variétés utilisé dans les ménages est notée. Il va de deux à six variétés. C'est dans les ménages Kabyè que le nombre maximal de variétés utilisées dans un champ (six) a été retrouvé, suivi des Ouatchi et Ewé avec cinq variétés pour emblaver un champ (Figure 13).

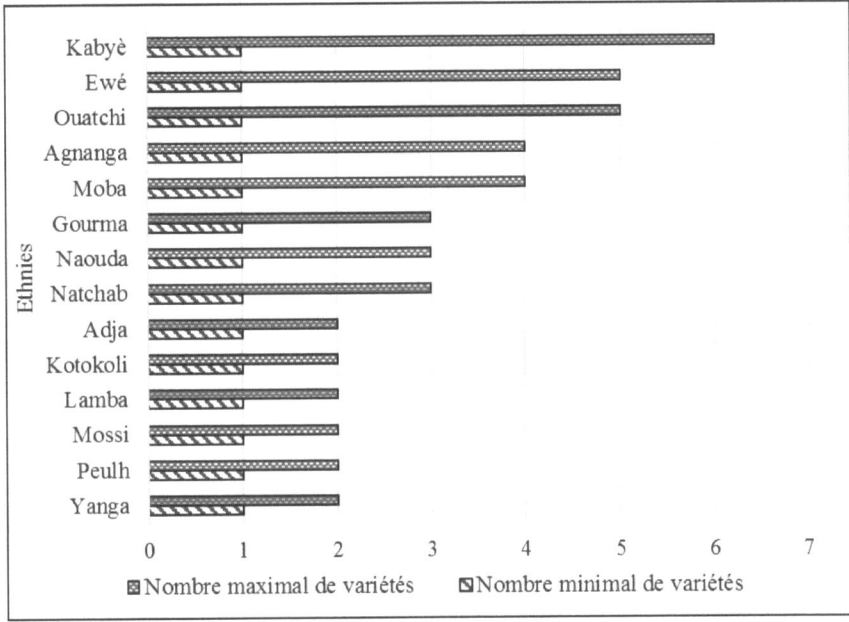

Figure 13 : *richesse variétale par ethnies au Togo*

3.3.3. La place du niébé parmi les principales cultures du Togo

Treize cultures principales ont été recensées dans les ménages enquêtés (Tableau 14). Le niébé n'est cité au premier rang des principales cultures que dans 1,9 % des ménages enquêtés. En revanche il est bien représenté au deuxième rang dans 51,19 % des ménages et au troisième rang dans 25,11 % des ménages enquêtés. Le maïs est la principale spéculation parce qu'il occupe le premier rang dans 91,38 % des ménages enquêtés. D'autres spéculations telles que le mil, le manioc, le soja, le sorgho et le riz pour ne citer que celles-là sont des cultures importantes.

Interrogés sur les cultures qui leur procurent des sources de revenu (Tableau 15), les enquêtés déclarent dans les villages de Tabindè-Pouda, de Kablè kopé et à Avédji, que le niébé est la principale culture source de revenu. Les observations montrent aussi qu'après le niébé, le maïs est cité comme la deuxième principale culture source de revenu dans les villages de Didomé et de Safobé 2.

Tableau 14 : principales cultures au Togo

Spéculations	Rang (%)					Total
	1	2	3	4	5	
Maïs	91,38	4,54	1,91	1,19	0,71	99,76
Niébé	1,91	51,19	25,11	12,91	2,87	94,01
Mil	1,67	15,07	11,72	7,17	4,78	40,43
Manioc	0	6,22	11,72	7,65	7,17	32,77
Soja	0,47	4,30	6,22	7,89	7,17	26,07
Sorgho	1,43	5,02	5,50	6,22	7,17	25,35
Riz	0	2,63	11,72	7,65	2,39	24,40
Coton	0,47	1,67	6,69	4,34	2,87	15,07
Sésame	0,47	0,95	1,67	2,87	1,67	7,65
Tomate	0	0	0	3,58	2,87	6,45
Gombo	0	0	3,11	2,87	0,23	6,22
Piment	0	0,95	3,58	0,95	0,47	5,98
Patate douce	0	0	1,19	0,95	1,43	3,58

Tableau 15 : fréquence de citations des cultures comme première source de revenu dans la zone de culture.

Villages	Cultures											
	Nie	Soj	Ara	Cot	Maïs	Mil	Riz	Sés	Man	Ign	Tom	Sor
Nagou			2	5	3							
Tonte			6		2	2						
Safobé 2		1		2	7							
Katindi	3	1	3		2							
Djantchogou	4						6					
Sanloaga	6			1			1					
Soungou	4	1	1		4							
Nagbéni	5	2			3							
Galangashi	2			2	2	2						
Goulougoussi		7					3	3				
Kawa			1						1		5	
Kolo	2		1		2		1		1	1		
Déoutè	1											2
Houloure	1				1	4	1					1
Sagbadai	2	1							3	2		
Kobou-Worou	2	7			2							

Village												
Malfaka								2				
Lidawè	1	2										
Atchibodow					2	1		5				
Tabindè	10											
Yara-Kabyè	2	1			3	1			2			
Déréboua	2				2				2			
Diguina	7				2	1						
Défalé	3					2			2			4
Bouloula		4			1	2			2			
Kablè kopé	9			1								
Konfaga	5	1	1		2				1			
Kassi	6	1			2				1			
Ténéga	6				3				1			
Wli	2											
Dzafi	2				5			1	2			
Adoukoé								6		1		
Vo Kponou	4							6				
Hédomé	5				1			4				
Gbodjomé	3							4		2		
Akodésséwa					3					2		
Togba	1				5							
Kopégan					5				5			
Nyidové	1		6			1			1			
Tomé	8							1		1		
Périmètre	3	2			4	1						
Konakry	1	4		1		3						
Atimado		1		3								
Goudohoé	4				3							
Didomé				1	8	1						
Avédji	9			1								
Djéréhouye	8								2			
Kako copé	8				2							
Yotocopé		3		2	2				3			
Total	142	39	21	19	81	18	10	10	34	27	11	7

Nie : niébé, Soj : soja, Ara : arachide, Cot : coton, Ses : sésame, Man : manioc, Ign : igname, Tom : tomate, Sor : sorgho

3.3.4. Pratiques culturales du niébé sur le plan ethnique et régional

Au Togo, trois pratiques culturales essentielles sont notées avec l'association de cultures comme pratique majoritairement appliquée. Seule l'ethnie Mossi pratique uniquement l'association culturale (Tableau 16). Au sein des ménages des ethnies Kabyè, Ouatchi, Moba, Gourma, Adja et Yanga, au moins deux pratiques culturales s'appliquent. Par contre dans les autres ethnies c'est la monoculture et l'association culturale qui sont pratiquées. Il s'agit des ménages Naouda, Ewé, Lamba, Peulh, Kotokoli, Agnanga et Natchab. Généralement, la culture du niébé est associée à celle des céréales d'où la part importante de l'association culturale (50,5 %) comme principale technique culturale. Selon les observations, la rotation est peu pratiquée.

Tableau 16 : répartition des pratiques culturales en fonction des ethnies au Togo

Ethnies	Fréquence			Total
	Rotation	Monoculture	Association culturale	
Kabyè	6	41	48	95
Ouatchi	5	11	35	51
Naouda	0	23	25	48
Moba	1	16	20	37
Gourma	8	7	21	36
Ewé	0	28	6	34
Lamba	0	12	13	25
Peulh	0	19	2	21
Kotokoli	0	8	8	16
Adja	1	2	12	15
Agnanga	0	11	0	11
Mossi	0	0	11	11
Yanga	1	1	8	10
Natchab	0	6	2	8
Total	22	185	211	418

Au niveau régional, la rotation n'est pas pratiquée dans la région de la Kara (Tableau 17). La monoculture est la principale technique dans la région Centrale. Il est à noter que l'association culturale est plus pratiquée dans les régions de la Kara et des Savanes qui sont des régions à climat de type soudanien. Toutefois, il existe un rapprochement entre la monoculture et l'association culturale ce qui ne permet pas de les catégoriser.

Tableau 17 : répartition des pratiques culturales dans les régions du Togo

Régions	Fréquence			Total
	Rotation	Monoculture	Association culturale	
Maritime	5	13	41	59
Plateaux	1	42	37	80
Centrale	6	78	20	104
Kara	0	22	52	74
Savanes	10	30	61	101
Total	22	185	211	418

3.3.5. Méthodes de conservation post récolte du niébé

La conservation du niébé se fait soit par les graines soit par les gousses. Lorsque les gousses arrivent à maturité, elles sont récoltées et conservées, cette méthode est toutefois marginale. Généralement les gousses sont égrainées et les graines sont conservées. La conservation se fait dans des greniers (cas des gousses) d'après 8,1 % des enquêtés, dans des bidons (61,5 %), des sachets (36,1 %) et des tonneaux (4,5 %) (Tableau 18)

Tableau 18 : méthodes de conservation post récolte

Matériel de stockage	Nombre de citations (N=418)	Fréquence (%)
Bidons	257	61,5
Ensachage	151	36,1
Greniers	34	8,1
Tonneaux	19	4,5

En plus des contenants utilisés, les paysans appliquent des traitements aux graines en vue de leur meilleure conservation par des méthodes telles que le séchage au soleil (57,41 % des enquêtés), l'utilisation de produits chimiques dans le cas où les graines sont conservées en sacs ou en bidons (41,14 %). Certains ménages (5,50 %) déclarent utiliser de la cendre, tandis que 3,11 % conservent le niébé dans de la terre arable ou dans des feuilles de *Azadirachta indica* A. Juss. ou dans des écorces de *Khaya senegalensis* (Desr.) A. Juss. (Tableau 19).

Tableau 19 : traitements appliqués aux graines pour une conservation post récolte du niébé au Togo

Traitements appliqués aux graines pour conservation	Nombre de citations (N=418)	Fréquence (%)
Séchage	240	57,41
Produits chimiques	172	41,14
Cendres du foyer	23	5,50
Terre arable	13	3,11
Feuilles/Ecorces	7	1,67

3.3.6. Perte de variétés au sein des ménages

La principale raison qu'avancent les enquêtés pour expliquer la perte de diversité du niébé au sein des ménages (Tableau 20) est la faiblesse de la productivité des variétés (57,82 %). L'attaque des insectes compte pour 29,42 % des raisons d'abandon des variétés. La faible valeur marchande (23,92 %) et les variabilités climatiques (19,85 %) sont des raisons qui semblent aussi majeures dans cette perte de diversité.

Tableau 20 : principales raisons de perte de diversité dans les ménages au Togo

Raisons d'abandons de variétés	Nombre de citations (N=418)	Fréquence (%)
Faible productivité	225	53,82
Attaque des insectes	123	29,42
Mévente	100	23,92
Variabilités climatiques	83	19,85
Cycle long	55	13,15
Problème de conservation	35	8,37
Manque de moyens financiers pour l'entretien	33	7,89
Difficulté de récolte	14	3,34
Manque de main d'œuvre	11	2,63
Adaptation à l'association culturale	10	2,39
Petitesse de la taille des graines	6	1,43
Adaptation au sol	3	0,71

D'autres raisons ont été aussi évoquées telles que le cycle long des variétés (13,15 %), les soucis de conservation après la récolte (8,37 %), le manque de moyens financiers pour l'entretien du champ (7,89 %), la récolte difficile (3,34 %), le manque de main d'œuvre (2,63 %), le problème d'adaptation à l'association de cultures (2,39 %) et la petite taille des graines (1,43 %). Il existe d'autres raisons spécifiques à certains milieux comme des variétés blancs tachetés de noir qui sont supposées être la source de faiblesse sexuelle dans la plupart des villages Ouatchi et Ewé de la région Maritime et la menace des singes citée dans le village de Kawa.

3.3.7. Système semencier

Les modes d'obtention de semences sont divers. D'après les producteurs de niébé, l'acquisition de nouvelles variétés au sein des ménages se fait par achat (88,99 %) (Tableau 21). Les producteurs ont toujours soulevé le problème de conservation des graines de niébé. L'espèce est très vulnérable au champ de même qu'en stockage, ce qui complique son maintien dans les ménages. La quasi-totalité des producteurs déclare faire à chaque récolte une rétention sur la culture précédente afin de disposer des semences à la saison agricole suivante. Toutefois, cette conservation sur une longue période est délicate. Certains qui arrivent à garder les semences jusqu'à la saison suivante les conservent dans de petites bouteilles ou boites qui ne sont plus ouvertes qu'au temps du semis. 8,85 %. Les ménages qui ont hérité de leurs semences représentent 8,85 % et 6,45 % les ont obtenues par des dons. De l'avis des producteurs, les dons ne se font que pour des variétés nouvellement introduites dans le milieu.

Tableau 21 : modes d'acquisition de nouvelles variétés dans les ménages au Togo

Régions	Fréquence relative de mode d'acquisition des semences de niébé (%)						Total
	Echange entre paysans	Dons	Héritage	Achat	Introduction à partir des pays voisins	Introduction par les institutions agricoles	
Maritime	0,47	1,19	2,39	12,67	0,47	0,23	17,70
Plateaux	0,23	0,23	0,71	18,18	0,47	0	19,86
Centrale	1,67	1,67	0,47	24,40	0	0,71	28,94
Kara	0,23	0,95	1,67	14,83	0,47	0	18,18
Savanes	0	2,39	3,58	18,90	0	0	24,88
Total	2,63	6,45	8,85	88,99	1,67	0,95	

Les autres voies d'acquisition des semences sont : l'échange entre paysans (2,63 %), l'introduction à partir des pays frontaliers (1,67 %) et l'introduction par les institutions agricoles (0,95 %) (Tableau 21). Les modes d'acquisition varient selon les régions (Tableau 21). Ainsi, ne sont pas cités, l'échange entre paysans, et les introductions par les institutions agricoles et à partir des pays voisins, dans la région des Savanes comme modes d'acquisition des semences. La rétention sur culture précédente se fait dans les ménages en tenant compte de certains critères de préférence préétablis.

3.3.8. Critères de préférences du niébé dans les ménages

Au total 9 caractéristiques ont été citées dans les ménages enquêtés au Togo comme des critères de préférence pour une variété idéale exploitable (Tableau 22). Toutefois il y a trois qui sont majeurs. Il s'agit d'abord de la forte productivité qui représente 67,70 % des désirs des ménages, suivie de la forte valeur marchande (41,38 %) et enfin du goût appréciable du cultivar (36,84 %). Ces données renseignent sur l'importance économique et nutritive du niébé dans les ménages. Les autres critères cités dans les ménages enquêtés sont la résistance aux attaques (18,66 %), les variétés à cycle court (14,11 %), la facilité de cuisson (7,17 %), la tolérance aux variabilités climatiques (4,56 %), les variétés à grosses graines (2,87 %) et les variétés à graines blanches (1,67 %). FP : forte productivité ; FVM : forte valeur marchande ; BG : bon goût ; RA : résistance aux attaques ; CC : cycle court ; FC : facilité de cuisson ; TVC : tolérance aux variabilités climatiques ; GG : grosses graines ; GCB : graines de couleur blanche

3.3.9. Importance socio-culturelle du niébé au Togo

Au cours des enquêtes ethnobotaniques, le niébé est reconnu comme intervenant dans les pratiques culturelles. Ainsi, 45,2 % des enquêtés font usage du niébé dans les pratiques culturelles (Tableau 23). Ces usages culturels sont les cérémonies traditionnelles et le traitement des pathologies. Parmi les 189 producteurs faisant un usage culturel du niébé, 70 % d'entre eux utilisent les graines de niébé dans les cérémonies dédiées aux ancêtres et à la naissance des jumeaux et seulement environ 30 % font usage des feuilles dans le traitement des pathologies principalement dans la guérison des abcès. Le niébé n'a pas été cité comme exigence sur la liste de la dot. C'est dans la région Maritime principalement et dans la région des Plateaux que le niébé est plus utilisé dans les cérémonies traditionnelles alors qu'il est plus utilisé dans la région des Savanes comme un médicament.

Tableau 22 : importance socioculturelle du niébé

Régions	Fréquence (%)		
	Cérémonies traditionnelles	Traitement de pathologies	Dot
Maritime	14,11	2,39	0
Plateaux	9,33	1,91	0
Centrale	0,71	0	0
Kara	3,11	1,67	0
Savanes	4,54	7,41	0
Total	31,81	13,39	0

3.4. Discussion

Les enquêtes ethnobotaniques dans les ménages menées au cours de cette étude ont permis d'évaluer les connaissances des producteurs dans le partage et la gestion de la diversité des variétés du niébé.

Les caractéristiques des producteurs du niébé qui sont aussi des consommateurs sont importantes dans l'acceptation d'un produit de marché étudié parce qu'elles influencent les motifs de la consommation et la volonté d'acheter (Campiche et al., 2004). Ces caractéristiques sont l'âge, la taille des ménages, le genre et le niveau d'étude.

L'âge est un facteur principal dans la caractérisation d'une population car il influence les besoins, l'occupation et le type de demande publique d'une personne (Okafor et al., 1994 ; Ibotoye, 2015). En effet, les paysans âgés possèdent une connaissance privilégiée des anciennes cultures, qui leur a probablement été léguée par les anciennes générations. Les hommes enquêtés représentent 72 %. Ceci implique que les hommes sont plus actifs dans la culture du niébé. Cette forte proportion d'hommes implique aussi que le niébé joue un rôle clé dans la croissance économique de même que dans la sécurité alimentaire comme un support nutritif des familles avant la période des activités champêtres (Adipala et al., 2000 ; Mundua, 2010). Nos résultats montrent qu'au Togo, les femmes s'impliquent peu dans la culture du niébé contrairement à l'Ouganda (Mundua, 2010) où elles représentent près de 66 % des acteurs impliqués dans cette culture. De même, au Bénin, il est montré que le niébé est de nos jours essentiellement cultivé par les femmes (Baco et al., 2008).

L'âge moyen des personnes enquêtées est de 43 ans, ce qui permet de considérer les producteurs de niébé comme des adultes jeunes qui possèdent la force mentale et physique dont a besoin une personne pour accomplir les travaux champêtres.

En outre, l'éducation s'avère importante pour affiner la perception d'une personne dans la prise des décisions raisonnables basées sur des informations (Ibotoye, 2015). C'est ainsi que le niveau scolaire des producteurs contribuera à l'adoption des technologies améliorées et aussi leur disposition à participer à des activités de recherche (Mazza *et al.*, 2012). Le nombre des enquêtés ayant reçu une éducation formelle représente trois cinquième du total des répondants.

La superficie totale des champs de culture détermine la capacité de production de chaque producteur. Une grande superficie suppose une grande production. D'après les enquêtes, la superficie totale moyenne des cultures est de 3 ha, ce qui complique l'adoption de nouvelles technologies agricoles telles que la mécanisation. Particulièrement, le niébé est cultivé sur de faibles superficies, en moyenne 0,75 ha. Ceci, implique un niveau élevé de morcellement des parcelles afin d'accompagner la culture avec d'autres spéculations pour des raisons de sécurité, ce qui diminue la productivité du niébé.

Le nombre moyen de variétés maintenues au sein des ménages est très faible comparé au nombre total de variétés existantes. Ce résultat confirme celui de Gbaguidi *et al.* (2013) sur le niébé au Bénin. La diversité au niveau des ménages est influencée par la taille du ménage, le nombre de bras valides et la superficie cultivée comme l'ont souligné Gbaguidi *et al.* (2013). Afin de sélectionner des ménages pour participer à un programme de conservation *in situ*, ces trois paramètres doivent être pris en compte comme l'ont indiqué Jarvis *et al.* (2000) pour les cultures.

Les résultats issus des enquêtes individuelles montrent que le niébé est une culture secondaire au Togo. Le maximum de variétés locales par ménage est rencontré dans la région des Plateaux. Cette répartition du nombre de variétés semble répondre aux besoins de satisfaction des habitudes alimentaires selon la diversité des mets qu'offre le niébé. En outre, elle semble également apporter une solution à l'adaptation aux risques liés aux aléas climatiques. C'est ainsi que la diversité génétique dessert des environnements divers, complexes et enclins à des risques (Mekbib *et al.*, 2009). La région Maritime vient en deuxième position en termes de nombre de variétés. En revanche, ce résultat semble s'opposer à celui de Soule (2002) qui a rapporté que la région Maritime bien que bénéficiant de deux récoltes annuelles ne contribue que pour 5% à la production nationale. La région des Savanes qui détient trois variétés comme nombre maximum est par contre la grande zone productrice du niébé au Togo.

Le niébé a traditionnellement une importance exceptionnelle dans les savanes d'Afrique à cause de sa faible et relative dépendance vis à vis de l'eau, qui est le principal facteur limitant le développement des ressources dans ces régions (Mortimore *et al.*, 1997). La rotation des cultures est quasiment non pratiquée dans les cinq régions du Togo. Dans la partie méridionale du Togo jouissant du climat guinéen, il est normal de voir une culture pure du niébé comme c'est le cas principalement dans la région des Plateaux, et une association culturale dans les autres régions. Ehlers (1994) a rapporté qu'en Afrique, 90 % de la production du niébé se fait en l'associant avec le maïs, le mil ou le sorgho. Toutefois, la monoculture représente une part importante de système de culture en Afrque de l'Ouest. Avec une seule saison de culture et le manque de terres cultivables, il est plus bénéfique aux producteurs d'associer le niébé à d'autres cultures. Cette technique est plus profitable aux cultures qu'en monoculture (Ibotoye, 2015). Aussi, Ibeawuchi (2007) et Rashid *et al.* (2007) ont-ils rapporté que les facteurs tels que la pression démographique, les conditions climatiques et l'état des terres cultivables conduisent les producteurs à choisir l'association culturale. Les pratiques paysannes de gestion des semences et des variétés au champ du niébé telles décrites dans la présente étude sont celles largement connues et déjà rapportées sur diverses spéculations dans la sous-région ouest-africaine (Adoukonou-Sagbadja *et al.*, 2006 ; Dansi *et al.*, 2010 ; Missihoun *et al.*, 2012). Le mode de gestion au champ de la diversité du niébé est la culture séparée des différentes variétés comme dans le cas du fonio (Adoukonou-Sagbadja *et al.*, 2006) et du sorgho (Missihoun *et al.*, 2012). Par contre, ce mode de gestion est contraire à celui décrit chez les producteurs *Duupa* au Cameroun qui cultivent le sorgho surtout en mélange poly-variétal (Barnaud, 2007).

La disponibilité des semences est un critère important que les producteurs de niébé considèrent en plus de la taille et de la couleur pour adopter les variétés. L'environnement et la société dans lesquels sont cultivés les variétés et le marché ciblé sont aussi des facteurs importants dans l'adoption des variétés (Dugje *et al.*, 2009). Les institutions agricoles à l'exemple de l'ITRA ont introduit 3 variétés telles que TVX, VITOCO et VITA 5 au Togo. Elles introduisent ces variétés sélectionnées dans le but de préserver la pureté génétique, de garantir une bonne faculté germinative et un bon état sanitaire des semences commerciales. En effet, l'accès des agriculteurs à des semences de qualité est un élément essentiel pour l'atteinte de la sécurité aliementaire. Malheureusement, les paysans ne font pas la distinction entre semence et produit de consommation. C'est ainsi que dans le cadre de cette étude, les producteurs obtiennent principalement leurs semences sur les marchés. Les producteurs font une rétention sur la culture précédente. Toutefois, à cause de la vulnérabilité du niébé aux attaques des insectes au cours du stockage, la majorité des producteurs du niébé se procure les semences par achat (88,99 %). La conservation du niébé est toujours une tâche délicate pour les producteurs. Même dans les bouteilles hermétiquement fermées les risques d'attaque des insectes persistent. Les semences conservées dans les contenants ne peuvent plus être exposées à l'air jusqu'au jour du semis car, exposées à l'air l'attaque est inévitable.

Chaque agriculteur est à la fois producteur et consommateur de semences dépendamment de ses préférences. Parmi les critères de préférence des variétés citées par les producteurs, la forte productivité, la forte valeur marchande et le goût sont les principaux critères mis en exergue. Ce qui explique la disparition de plusieurs variétés dès qu'une nouvelle variété plus performante arrive dans les ménages. Ceci montre la place socio-économique et nutritive qu'occupe le niébé dans la vie des producteurs et des consommateurs. La texture du tégument est un caractère important dans la détermination de l'acceptabilité des variétés dans différentes régions du globe. Une enveloppe de la graine rugueuse est préférée en Afrique de l'Ouest et centrale, car elle permet un retrait facile de l'enveloppe de la graine lors de la cuisson qui est une caractéristique importante pour les préparations alimentaires (Singh et Ishiyaku, 2000). D'autre part, un tégument lisse est préféré dans l'Est de l'Afrique ainsi que dans certaines parties de l'Amérique du Sud où le niébé est consommé comme haricots bouillis avec le tégument conservé (Singh et Ishiyaku, 2000).

Au sein des villages, la richesse des variétés varie de deux à 13 avec une moyenne de six. En revanche, dans les ménages, cette richesse variétale varie de une à six avec deux variétés par ménage en moyenne. Cette disparité entre nombre de variétés par village et nombre de variétés par ménage confirme les menaces de perte de variétés. Il peut alors être suggéré d'instituer dans les villages un champ communautaire afin de mettre à la disposition des ménages les variétés existantes dans le milieu, ce qui permettra de conserver la diversité.

3.5. Conclusion partielle

Le niébé est une plante cultivée principalement sur de petites surfaces pour la consommation et aussi pour la vente. Différentes techniques et savoir-faire sont employés au niveau des groupes ethniques pour la gestion du matériel. Les difficultés de conservation du niébé demeurent réelles. Le système d'acquisition des semences est majoritairement leur achat sur les marchés, ce qui favorise la circulation de la diversité. Toutefois, la conservation de la diversité existante demeure une priorité. Une caractérisation de cette diversité s'avère indispensable pour appréhender la diversité existante et sa structuration à travers le pays.

4

CARACTERISATION AGROMORPHOLOGIQUE DES VARIETES DE NIEBE [*Vigna unguiculata* (L.) Walp.] DU TOGO

4.1. Introduction

Le niébé cultivé au Togo est caractérisé par une grande variabilité morphologique observable au niveau des feuilles, des graines et du port de la plante. Cette variabilité morphologique est un indicateur de biodiversité. Ces variétés constituent la matière première des programmes d'amélioration, qui exploitent surtout leurs caractères d'adaptation aux conditions locales et aux stress biotiques. Cependant aucune étude n'a été faite sur cette culture afin d'évaluer sa diversité. En outre, le niébé fait partie des 137 espèces alimentaires signalées comme menacées de disparition au Togo (Akpavi *et al.*, 2013). Aussi, l'élaboration des stratégies de conservation se heurte au manque d'informations précises sur cette culture et sur la structuration de sa diversité. D'autres facteurs comme le raccourcissement des périodes pluviales avec les variabilités climatiques, entraînent l'abandon de plusieurs variétés à cycle long. De plus, le privilège accordé aux variétés importées plus productives et le plus souvent génétiquement uniformes conduit inévitablement à une érosion génétique (Ouedraogo *et al.*, 2010). C'est ainsi qu'une bonne gestion des ressources phytogénétiques implique la caractérisation morphologique, agronomique, physiologique et génétique des variétés locales détenues par les paysans.

L'utilisation des descripteurs morphologiques demeure la méthode la plus utilisée pour l'étude de la diversité des variétés. Même si ces caractères morphologiques sont affectés par les conditions environnementales (Dijkhuizen, 1996), elles sont à la base de la sélection variétale en milieu paysan. De récents travaux au Bénin (Gbaguidi *et al.*, 2015), au Tchad (Nadjiam *et al.*, 2015) et au Burkina Faso (Ouedraogo *et al.*, 2016) ont été réalisés à partir des caractères agromorphologiques. Afin d'étudier la diversité du niébé au Togo cette étude a été initiée sur la base de l'utilisation des descripteurs agromorphologiques. En effet, il s'agit d'analyser la variabilité agromorphologique des variétés de niébé.

4.2. Matériel et méthodes

4.2.1. Matériel végétal

Le matériel végétal est constitué de 70 variétés locales de niébé [*Vigna unguiculata* (L.) Walp.] collectées auprès des producteurs dans différentes régions du Togo au cours des missions réalisées 2014, 2015 et 2016 (Tableau 24). Dans les 70 variétés locales de niébé, trois figurent au catalogue national des espèces et variétés cultivées au Togo. Il s'agit de VITOCO et TVX dont l'obtenteur est l'IITA-IBADAN, et VITA5 dont l'obtenteur est l'Université de d'Ifê. L'ITRA est le mainteneur de ces trois variétés au Togo. Ce sont des variétés en grande diffusion (cultivars).

Tableau 23 : liste des variétés locales analysées par les descripteurs agromorphologiques

Variétés locales caractérisés	Lieux de collecte	Ethnies
Ayidjin, Tcharabaou djin	Goudohoé	Adja
Azangba, Azanyi, Sakawouga	Avédji	
Gbédéfouba, Guinsibibè	Diguina	Ayanga
Agamassikè, Poli-Poli	Didomé	Ewé
Pamplovi	Tomé	
Amélassiwa (2)*, Assiamaton	Wli	
Amélassiwa (3)*, Sotoco	Atimado	
Atougbenda, Golenka, Téléga	Djantchogou	Gourma
Gouarga	Sanloaga	
Kampirigbène, Malgbong-bopiel, Natoguildjole	Katindi	
Malgbong-bomoine, Siéloune	Nagbéni	

Tchéwo	Tabinda-Pouda	Kabyè
Vitoco (2)*	Yara Kabyè	
Vita 5	Lidawé	
Kétchéyi (2)*	Djéréhouyé	
Kétchéyi-soukpèlo, Koufaldo	Kassi	
Komi, Yélengo	Kablè Kopé	
Dapango-koukpèto, Dapango-koussèmo, Kétchéyi-koussémo	Tchikawa	
45 jours rouges, Atakpamé, TVX, Vitoco	Périmètre	
Simpayo	Houlourè	Lamba
Simporé	Déouté	
Kpédéviyi	Amakoé	Mina
Pélam, Toboni	Soungou	Moba
Alacante, Toi	Nagou	
Bieng-nomio	Goulougoussi	Mossi
Maca, Sotouboua	Kakokopé	Naouda
Hèkou-hèkou	Sagbadai	
Dapango-kaga, Djodjowou	Ténéga	
Kandjarga, Lamga, Tinkou	Konfaga	
Esatoune, Etougnognoli, Etoukakali, Itouloka	Galangashi	Natchab
Kétchéyi	Kawa	Kotokoli
Téklikoé	Vo Kponou	Ouatchi
Amélassiwa, Kpoyidji, Yéboua	Akodésséwa	
Damadoami	Dzafi	
Dakarvi, Gban molou, Kpédévi, Togbéyi	Hédomé	
Agnokoko	Yotokopé	
Bieng-oune	Safobé II	Yanga

*Certaines variétés sont désignées par les mêmes noms (chiffres entre parenthèses).

4.2.2. Echantillonnage des variétés

Les graines de niébé proviennent de la collecte faite au cours des enquêtes ethnobotaniques à travers le territoire togolais. La collection caractérisée a été choisie dans le but de maximiser toutes les variabilités agromorphologiques retrouvées dans les villages sur la base des informations fournies par les agriculteurs et sur des observations.

4.2.3. Présentation de la zone d'étude

L'étude a été conduite à la Station d'Expérimentation Agronomique de Lomé (SEAL). Ce site agronomique est situé sur le cordon littoral à 6° 10 de Latitude Nord et 1° 10 de Longitude Est et à 19-60 m par rapport au niveau de la mer.

La station repose sur un bassin versant avec sa partie Sud-Ouest en légère pente. Le terrain sur lequel l'essai a été conduit est plat. Le sol est de type ferralitique du cordon littoral qualifié de terre de barre. Il est de texture sableuse en surface (83 % de sable) et de structure grumeleuse et est caractérisé par un débit en matières organiques (1,08 %) (Djagoundi, 2004).

La parcelle expérimentale a été installée dans la zone agro-écologique V qui jouit d'un climat guinéen avec deux saisons de pluie (mars-juillet et septembre-octobre) permettant ainsi deux saisons de culture de niébé, et deux saisons sèches.

La zone de Lomé est caractérisée par une irrégularité des pluies et leur mauvaise répartition au cours de l'année. La moyenne des précipitations de mai à novembre 2016 était de 278,7 mm (Tableau 25).

Tableau 24 : hauteur de pluie enregistrée durant la période de l'essai (2016)

Mois	Hauteur de pluie (mm)	Nombre de jours de pluie
Mai	48,5	11
Juin	89,3	8
Juillet	0	0
Août	9,5	2
Septembre	113	10
Octobre	18,4	6
Novembre	0	0
Total	278,7	37

Source : SEAL

Pendant l'essai, les parcelles ont été arrosées afin de compenser le manque de précipitations.

4.2.4. Dispositif expérimental

Le dispositif expérimental adopté pour l'essai (Figure 14) est celui en bloc aléatoire complet (Nadjiam *et al.*, 2015) avec trois répétitions. Chaque bloc est constitué de 70 lignes. Les écartements sont de 40 cm entre les poquets et de 1 m entre les lignes. La parcelle élémentaire correspondant à chaque variété locale a une ligne de 4 m de long. L'unité expérimentale est représentée donc par cette ligne de 4 m comprenant 10 plants. Deux à trois graines ont été semées par poquet en culture pure. Après la levée, le démariage a été fait pour laisser un plant par poquet. Deux sarclages et des traitements chimiques pour lutter contre les ravageurs de niébé ont été faits. Afin d'étudier la variabilité agromorphologique au sein de la collection étudiée, des descripteurs définis par IBPGR (1983) et Gbaguidi *et al.* (2015) ont été utilisés (Tableaux 26 et 27).

V11	V1	V12	V35	V27
V33	V44	V63	V24	V53
V21	V55	V58	V20	V62
V49	V10	V65	V4	V59
V38	V50	V29	V54	V31
V60	V39	V6	V13	V67
V68	V18	V42	V30	V7
V8	V43	V28	V61	V25
V70	V64	V14	V36	V46
V57	V37	V5	V47	V69
V45	V32	V23	V26	V16
V22	V51	V52	V3	V66
V40	V34	V19	V48	V56
V9	V15	V2	V41	V17

Figure 14 : plan de l'éssai d'un bloc complètement aléatoire

Tableau 25 : variables quantitatives utilisées pour l'analyse agromorphologique

N°	Variables quantitatives	Codes	Description et méthode de collecte des données
1	Temps d'émergence	Tem	Date de 50 % d'émergence
2	Temps de Floraison	Tfl	Date de 50 % floraison
3	Temps de maturation	Tma	Date de la première grande récolte
4	Nombre de branches	NBr	Comptage du nombre de branches par plant sur les trois répétitions (huit semaines après semis)
5	Nombre de Fleurs par pédoncule	NFp	Comptage du nombre de fleurs de trois pédoncules par plant sur les trois répétitions
6	Nombre de Nœuds par tige principale	NNe	Comptage du nombre de nœuds sur la tige principale par plant sur les trois répétitions (trois à quatre semaines après semis)
7	Nombre de Gousses par plant	NGs	Comptage du nombre de gousses par plant sur les trois répétitions

8	Longueur des Gousses	LGs	Mesure de la longueur de trois gousses saines séchées par plant sur les trois répétitions
9	Nombre de Graines par Gousse	NGGs	Comptagage du nombre de graines de trois gousses par plant sur les trois répétitions
10	Longueur des Graines	LGr	Mesure de la longueur de huit graines par variété sur les trois répétitions
11	Largeur des Graines	lGr	Mesure de la largeur de huit graines par variété sur les trois répétitions
12	Poids de 100 Graines	P100Gr	Comptage et pesage de 100 graines de chaque variété sur les trois répétitions
13	Rendement des Graines par hectare	Rd (kg/ha)	Calcul du rendement de chaque variété sur les trois répétitions

Tableau 26 : variables qualitatives utilisées pour l'analyse agromorphologique

N°	Variables qualitatives	Codes	Description et méthode de collecte des données
1	Pigmentation de la tige	Pgt	1-Faible, 2-Moyenne, 3-Forte (six semaines après semis)
2	Couleur de la foliole	Cfo	1- Vert clair, 2- Vert foncé
3	Port de la tige	PrT	1-Rampant, 2-Semi-érigé, 3-Erigé (six semaines après semis)
4	Couleur de la fleur	CoF	1-Blanc, 2-Violet
5	Forme de la foliole	Ffe	1-Globulaire, 2-Lancéolée, 3-Subglobulaire
6	Couleur de la gousse	CGs	1-Crème, 2-Violet, 3- Noir, 4-Jaunâtre
7	Couleur de la graine	CGr	1- Blanc, 2-Rouge pourpre, 3-Rouge beige, 4-Rouge vin, 5- Gris rougeâtre, 6-Violet bordeaux, 7-Jaune sable, 8- Jaune or, 9-Rouge noir
8	Couleur du hile	Coi	1-Noir, 2-Rouge, 3-Rose, 4-Jaune pastel
9	Forme du hile	Foi	1-Allongée, 2-Ronde
10	Forme de la gousse	FGs	1-Allongée, 2-Arquée, 3-Courbée
11	Taille des graines	TGr	1-Petite, 2-Moyenne, 3-Grande
12	Aspect du tégument	Atg	1-Rugueux, 2-Lisse
13	Extrémité de la gousse	ExGs	1-Pointue, 2-Conique
14	Gousse à maturité	GsM	1-Déhiscente, 2-Non déhiscente
15	Forme des graines	FGr	1-Arrondie, 2-Peu allongée, 3-Allongée
16	Traits particuliers des graines	TrG	0-Aucun, 1-Tache noire à la base 2-Base colorée en rouge, 3-Bande noire à la base, 4-Petit point noir sur le tégument, 5-Taches roses sur tout le tégument, 6-Taches noires sur tout le tégument, 7-Tache brune sur le tégument

4.2.5. Méthodologie

Le suivi sur le terrain s'est fait durant toute la période de culture. Certains caractères quantitatifs (temps d'émergence, de floraison et de maturation, nombre de branches et de nœuds sur la tige principale et nombre de gousses par plant) et qualitatifs (pigmentation de la tige, couleur de la foliole, couleur de la fleur et forme des feuilles) ont été déterminés directement sur le terrain pendant la culture. Les autres caractères ont été déterminés après la récolte. Après la récolte, les gousses ont été séchées au soleil puis pesées avant égrenage. La conservation a été faite dans des sachets en plastique et le rendement en graines sèches a été déterminé suivant la formule ci-après :

$$\text{Rendement}\left(\frac{kg}{ha}\right) = \frac{\textit{Masse récoltée sur la parcelle élementaire (kg)}}{\textit{Surface élementaire (ha)}}$$

La longueur et la largeur des graines ont été mesurées et c'est à partir de la longueur que la taille de la graine a été déterminée. Dans le cadre de ce travail, en vue de faciliter l'étude, une graine est considérée comme petite si sa longueur n'atteint pas 8 mm ; elle est considérée comme moyenne entre 8 et 8,99 mm et elle est grande si sa longueur est supérieure ou égale à 9 mm.

Les temps d'émergence, de floraison et de maturation ont été relevés pour chaque variété locale dans les trois blocs. Puis le nombre de jours entre la date de semis et ces dates relevées a été calculé. Le temps de floraison est pour une variété, la période au bout de laquelle 50 % des plants portent des fleurs.

La variété est considérée comme très précoce si son cycle se situe entre 60 et 69 jours. Elle est précoce si le cycle est compris entre 70 et 79 jours. Entre 80 et 89 jours, la variété est considérée comme semi-précoce et entre 90 et 120 jours elle est tardive (Dugje et al., 2009).

4.2.6. Traitement des données

Les données obtenues ont été analysées par la statistique descriptive (moyennes, fréquences, pourcentages etc.), par l'analyse de variance (ANOVA) et les résultats sont présentés sous forme de tableaux et de figures. Les variables quantitatives et qualitatives soumises aux traitements sont codées. Une classification ascendante hiérarchique (CAH) effectuée avec les données qualitatives a permis de générer un dendrogramme avec les différentes variétés selon la méthode de Ward avec le logiciel R. Pour évaluer la structuration de la diversité agromorphologique, une analyse en composante principale (ACP) a été réalisée. Des corrélations entre les différentes variables ont été calculées avec le logiciel XLSTAT et les différentes variétés locales ont été projetées dans le plan factoriel de correspondance afin de les identifier.

4.3. Résultats

4.3.1. Analyse des variables qualitatives

4.3.1.1. Caractéristiques du stade végétatif de la plante

Dans la collection des 70 variétés de niébé caractérisée, 58,57 % des variétés ont des tiges faiblement pigmentées, 35,71 % moyennement pigmentées et seulement 5,72 % sont fortement pigmentées (Figure 15) ; 81,43 % des variétés possèdent des folioles vert clair et 18,57 % des folioles vert foncé (Figure 15).

Concernant le port de la plante, 72,86 % des variétés ont un port rampant, 17,14 % un port semi érigé et 10 % un port érigé (Figure 15). Deux couleurs ont été distinguées pour la fleur ; le blanc (65,71 %) et le violet (34,29 %) (Figure 15). Aussi, 54,28 % des variétés étudiés ont des folioles de forme

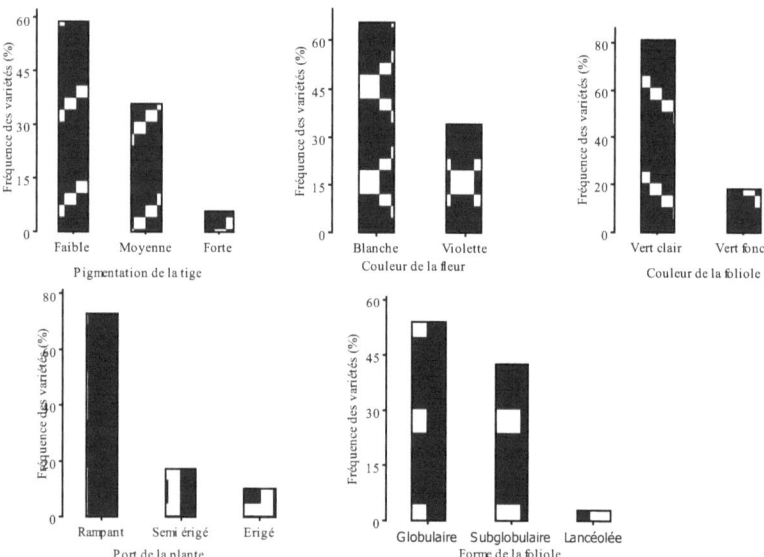

Figure 15 : *variabilité des traits caractéristiques du stade végétatif des variétés*

globulaire, 42,86 %, des folioles subglobulaires et 2,86 % des folioles lancéolées (Figure 15).

4.3.1.2. Caractéristiques des gousses matures

La majorité des variétés (72,86 %) ont des gousses matures de couleur crème. Les autres ont des gousses de couleur violette (20 %), jaunâtre (5,7 %) ou noire (1,43 %) (Figure 16). 82,86 % des variétés ont des gousses de forme arquée, 11,43 % des gousses de forme allongée et 5,71 % des gousses courbées (Figure 16). Toutes les variétés étudiées ont des gousses non déhiscentes à extrémité pointue (85,71 %) ou conique (14,29 %) (Figure 16).

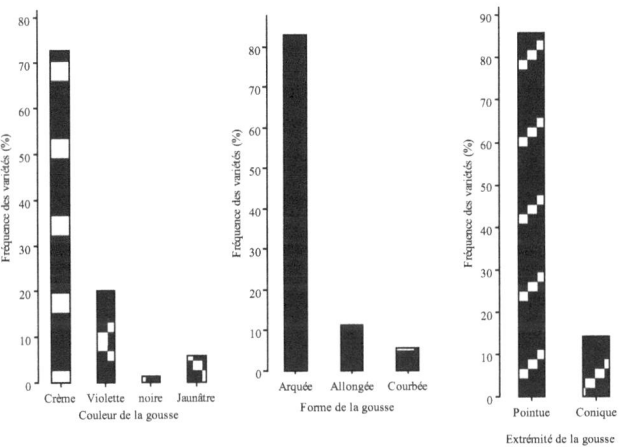

Figure 16 : *variabilité des traits caractéristiques des gousses*

4.3.1.3. Caractéristiques des graines

Le blanc est la couleur dominante avec 65,72 % des variétés. De plus, huit autres couleurs de graines ont été observées (Figure 17), il s'agit du rouge pourpre (5,71 %), du rouge beige (11,43 %), du rouge vin (5,71 %), du gris rougeâtre (1,43 %), du violet bordeaux (5,71 %), le jaune sable (1,43 %), le jaune or (1,43 %) et le rouge noir (1,43 %) (Figure 17). Les graines à œil noir représentent 50 % ; 61,43 % ont un hile allongé et 60 % de petite taille (Figure 18). L'aspect du tégument des graines est soit rugueux (62,86 %) ou lisse (37,14 %) ; 57,14 % des variétés caractérisées ont des graines de forme peu allongée, 27,14 % de forme arrondie et 15,72 % de forme allongée (Figure 18).

86 . CARACTERISATION AGROMORPHOLOGIQUE

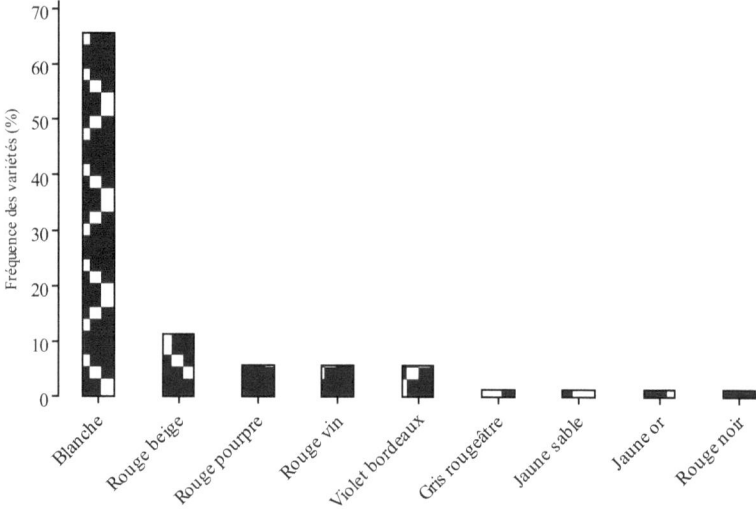

Figure 17 : variabilité de la couleur des graines

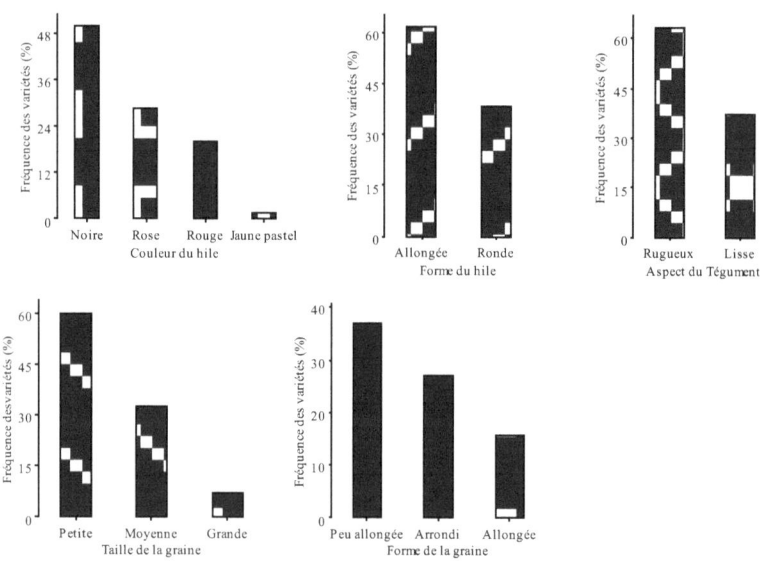

Figure 18 : variabilité des traits caractéristiques des graines

4.3.2. Analyse descriptive des variables quantitatives

L'analyse descriptive des caractères quantitatifs montre une différence entre les variétés pour la quasi-totalité des variables quantitatives avec des écarts importants entre les valeurs minimales et maximales à l'exception du temps d'émergence (Tableau 28). Les variétés les plus précoces ont leur mi-floraison à 39 jours et les plus tardives à 99 jours. Le stade de 95 % de maturité est obtenu à 63 jours pour les variétés précoces et 114 jours pour les variétés tardives.

Tableau 27 : résultats d'analyse descriptive sur la base des variables quantitatives

Variables	Unité	Valeur minimale	Valeur maximale	Moyenne	Ecart-type	Cv (%)	F value	p value
Tem	jours	3	4,67	3.48	0,4	11,41	1,33	0,078
Tfl	jours	39	99	60.27	16,67	27,66	43,38	***
Tma	jours	63	114	85.21	16,59	19,47	68,84	***
NBr	-	4	9	6.62	1	15,08	3,01	***
NFp	-	4	6	4.69	0,51	10,97	2,5	***
Nne	-	8	15	10.51	1,5	14,28	4,51	***
NGs	-	8	36	20.01	19,53	35,53	4,98	***
NGGs	-	9	19	14.08	7,11	59,42	7,51	***
LGs	cm	10	22	15.68	12,14	77,41	29,72	***
LGr	cm	6	10	7.62	1	13,12	41,61	***
lGr	cm	3	5	3.82	3,78	9,94	16,82	***
P100Gr	g	11,67	30	17.98	3,99	22,19	41,9	***
Rd	kg/ha	33,33	1341,67	481.49	336,12	69,81	8,7	***

*** signifie que la p value est inférieur à 0,001
Tem : temps d'émergence ; Tfl : temps de floraison ; Tma : temps de maturation ; NBr : nombre de branches ; NFp : nombre de fleurs par pédoncule ; NNe : nombre de nœuds par tige principale ; NGs : nombre de gousses par plant ; LGs : longueur des Gousses ; NGGs : nombre de graines par gousse ; LGr : longueur des graines ; lGr : largeur des graines ; P100Gr : poids de 100 graines ; Rd_kg/ha : rendement des graines par hectare.

4.3.3. Corrélations entre les variables quantitatives

Des corrélations positives et hautement significatives ont été observées entre le temps de floraison (Tfl) et le temps de maturation (Tma) (r = 0,92 ; p value < 0001), entre la longueur des gousses (LGs) et le nombre de graines par gousse (NGGs) (r = 0,72 ; p value < 0,001), et entre le poids de 100 graines

88 . CARACTERISATION AGROMORPHOLOGIQUE

Tableau 28 : corrélation entre les variables quantitatives étudiées

	Tem	Tfl	Tma	NBr	NFp	NNe	NGs	NGGs	LGs	LGr	lGr	P100Gr	Rd
Tem	1												
Tfl	0,11 (0,362)	1											
Tma	0,13 (0,297)	0,92 (***)	1										
NBr	0,25 (0,040)	0,47 (***)	0,51 (***)	1									
NFp	-0,16 (0,188)	-0,11 (0,376)	-0,06 (0,648)	-0,34 (0,004)	1								
NNe	-0,06 (0,628)	0,38 (0,001)	0,39 (0,001)	0,35 (0,003)	-0,05 (0,708)	1							
NGs	-0,13 (0,284)	-0,58 (***)	-0,63 (***)	-0,16 (0,180)	-0,07 (0,565)	-0,11 (0,347)	1						
NGGs	-0,07 (0,582)	-0,58 (***)	-0,62 (***)	-0,44 (***)	0,13 (0,273)	-0,56 (***)	0,41 (***)	1					
LGs	-0,03 (0,794)	-0,35 (0,003)	-0,44 (***)	-0,38 (0,001)	0,07 (0,546)	-0,61 (***)	0,21 (0,078)	0,72 (***)	1				
LGr	0,26 (0,031)	0,61 (***)	0,61 (***)	0,26 (0,030)	-0,08 (0,504)	0,18 (0,142)	-0,47 (***)	-0,42 (***)	0,01 (0,929)	1			
lGr	0,29 (0,014)	0,06 (0,613)	0,1 (***)	0,02 (0,887)	-0,1 (0,430)	-0,04 (0,773)	-0,14 (0,260)	-0,04 (0,727)	0,09 (0,484)	0,39 (0,001)	1		
P100Gr	0,32 (0,008)	0,54 (***)	0,57 (***)	0,24 (0,047)	0,01 (0,947)	0,1 (0,427)	-0,52 (***)	-0,36 (0,002)	-0,04 (0,764)	0,78 (***)	0,6 (***)	1	
Rd	-0,06 (0,638)	-0,77 (***)	-0,75 (***)	-0,3 (0,012)	0,05 (0,666)	-0,36 (0,002)	0,70 (***)	0,53 (***)	0,35 (0,003)	-0,5 (***)	-0,03 (0,783)	-0,52 (***)	1

*** différence significative à 5 %

(P100Gr) et la longueur des graines (LGr) (r = 0,78 ; p value < 0,001). On note aussi une corrélation positive entre le rendement en graines (Rd kg/ha) et le nombre de gousses par plant (NGs) (r = 0,7 ; p value < 0,001), ce qui signifie qu'une augmentation du nombre de gousses induit une augmentation de rendement. Des corrélations négatives et hautement significatives ont été aussi observées entre le temps de floraison (Tfl) et le rendement en graines (Rd kg/ha) (r = -0,77 ; p value < 0,001) d'une part et entre le rendement et le temps de maturation (Tma) (r = -0,75 ; p value < 0,001) d'autre part (Tableau 29). En effet, une augmentation du temps de floraison et du temps de maturation entrainent une réduction du rendement.

4.3.5. Structuration de la variabilité agro-morphologique

L'analyse en composante principale (ACP) avec les données qualitatives et quantitatives permet d'avoir une idée de la structuration de la diversité agromorphologique (Tableau 30).

L'analyse des valeurs propres et des variances des axes de l'ACP montre que les trois premiers axes expliquent 48,82 % de la variabilité. En effet, ces trois axes expliquent respectivement 29,03, 12,06 et 7,73 % de cette variabilité (Tableau 30).

Les deux premiers axes ont été choisis pour analyser la variabilité agromorphologique. Ils expliquent 41,09 % de la variabilité avec respectivement 29,03 % et 12,06 % de cette variabilité. L'axe 1 caractérise les variétés précoces. Le temps de floraison et le temps de maturation sont positivement corrélés à cet axe. Cet axe est aussi défini par des variétés ayant un nombre de gousses par plant et un nombre de graines par gousse faibles ce qui conduit à de faibles rendements. Il caractérise aussi les variétés selon la couleur de la fleur, la couleur de la graine et sa forme, la taille et l'aspect du tégument de la graine. Le rendement, la couleur de la graine et l'aspect du tégument sont négativement corrélés à cet axe (Figure 19).

L'axe 2 se définit par des variétés à gousses longues, à graines larges et des poids de 100 graines élevés. Pour les variables qualitatives, une corrélation positive entre la couleur de la graine et l'aspect du tégument a été notée; la couleur de la fleur et l'aspect du tégument et entre la taille et la forme de la graine. Les variétés à cycle court et très productifs ont des fleurs violettes avec des graines colorées à tégument lisse alors que ceux à cycle long ont des fleurs blanches, des graines allongées ou peu, à tégument rugueux avec un faible rendement.

Tableau 29 : valeurs propres et contribution des variables aux axes de l'ACP

	Axe 1	Axe 2	Axe 3
Valeur propre	8,13	3,38	2,17
Variance totale	29,03	12,06	7,73
Cumul de la variance totale	29,03	41,09	48,82
Variables	Valeurs propres		
Tem	0,297	0,300	0,074
Tfl	0,736	-0,063	-0,343
Tma	0,859	-0,031	-0,124
NBr	0,649	-0,311	0,005
NFp	-0,177	0,264	0,011
NNe	0,506	-0,496	0,284
NGs	-0,611	-0,251	0,184
NGGs	-0,742	0,238	-0,182
LGs	-0,502	0,562	-0,304
LGr	0,723	0,550	-0,011
LGr	0,246	0,687	0,002
P100Gr	0,688	0,618	-0,005
Rd kg/ha	-0,737	-0,090	0,101
Pgt	-0,043	0,051	0,378
Cfo	-0,558	0,374	-0,299
PrT	-0,500	0,422	-0,423
CoF	-0,719	0,195	0,190
Ffe	-0,010	-0,362	0,107
FGs	0,274	0,327	0,459
CGs	0,021	0,087	0,746
ExGs	-0,060	0,106	-0,117
CGr	-0,585	0,069	0,276
Coi	-0,109	0,354	0,596
Foi	0,014	-0,242	-0,077
TGr	0,656	0,594	0,190
Atg	-0,848	0,181	0,198
FGr	0,775	0,101	0,020
TrG	0,100	-0,260	-0,151

La projection des individus dans le sous-espace principal formé par les axes 1 et 2 permet de distinguer quatre groupes nommés respectivement G1, G2, G3 et G4 (Figure 20).

G1 est identique à G3 mais diffère de celui-ci par la taille des graines et le port de la plante. En effet, G1 est constitué des variétés à haut rendement, à longues gousses contenant de graines de taille moyenne. Ces variétés sont caractérisées par un port érigé ou semi-érigé. C'est le cas de *Ayidjin* et *Malgbong-bomoine* qui ont respectivement 71 et 67 jours de cycle avec successivement 947 et 943 kg/ha. Les variétés de G3 ont des graines de petite taille et sont à port rampant. Il s'agit par exemple de *Siéloune* et *Téklikoé*, avec respectivement 64 et 77 jours et 1341,67 et 840 kg/ha. Les variétés à grosses graines sont localisées dans G2, différents du G4 dont les variétés ont des graines de taille petite ou moyenne. Le groupe 2 regroupe les variétés semi précoces à tardives avec des rendements faibles ou moyens.

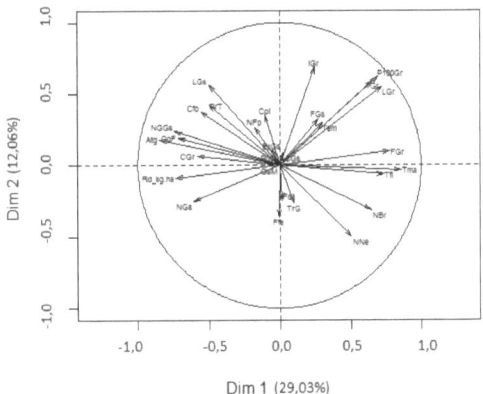

Figure 19: *projection des différentes variables dans le plan principal de l'ACP*

Tem : temps d'émergence ; Tfl : temps de floraison ; Tma : temps de maturation ; NBr : nombre de branches ; NFp : nombre deFleurs par pédoncule ; NNe : nombre de nœuds par tige principale ; NGs : nombre de gousses par plant ; LGs : longueur des gousses ; NGGs : nombre de graines par gousse ; LGr : longueur des graines ; lGr : largeur des graines ; P100Gr : poids de 100 graines ; Rd_kg/ha : rendement des graines par hectare ; Pgt : pigmentation de la tige ; Cfo : couleur de la foliole ; PrT : port de la tige ; CoF : couleur de la fleur ; Ffe : forme de la foliole ; CGs : couleur de la gousse ; Coi : couleur du hile ; CGr : couleur de la graine ; Foi : forme du hile ; FGs : forme de la gousse ; TGr : taille des graines ; Atg : aspect du tégument ; ExGs : extrémité de la gousse ; GsM : gousse à maturité ; FGr : forme des graines ; TrG : traits particuliers des graines.

Mais ces variétés donnent de grosses graines blanches à tégument rugueux et ont des poids de 100 graines élevés. *Golenga* et *Koufaldo* par exemples ont des graines blanches de grande taille et des cycles respectifs de 97 et 114 jours, et *Djodjowou* et *Guinsibibé* ont aussi des graines blanches, des poids de 100 graines respectifs de 26 et 30 g et des rendements faibles respectivement 153,13 et 53,13 kg/ha. Le groupe 4 représente les variétés tardives à faible ou moyen rendement avec des graines de taille petite ou moyenne. Ils ont aussi des folioles vert claire, un port rampant, des gousses de couleur crème renfermant des graines blanches à tégument rugueux. Comme exemple, on a *Tchéwo* avec un cycle de 114 jours pour un rendement de 362,5 kg/ha.

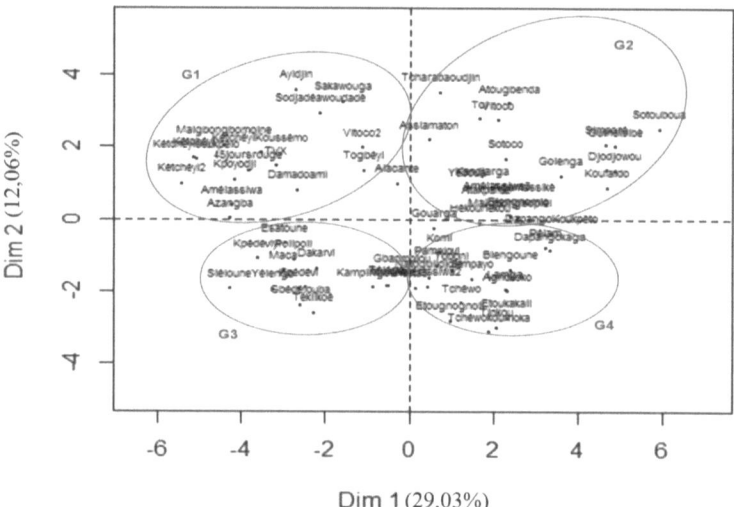

Figure 20 : projection des variétés dans le plan principal de l'ACP

4.3.6. Combinaison des variables qualitatives

La classification ascendante hiérarchique (CAH) avec les variables qualitatives a permis de regrouper les 70 variétés locales en cinq (5) classes différentes (A1 à A5) selon leur degré de ressemblance morphologique (Figure 21).

La classe A1 est constituée de neuf (9) variétés caractérisées par un port érigé ou semi érigé et des tiges faiblement pigmentées avec des gousses de couleur crème renfermant des graines de petite ou moyenne taille et de forme arrondie. Les variétés *45 jours rouges*, *Amélassiwa* et *Sieloune* comme exemples font partie de ce groupe.

La classe A2 regroupe des variétés à port rampant, à fleurs violettes et à tégument lisse. Cette classe est constituée de 18 individus. C'est le cas des variétés *Maca* et *Poli-poli*.

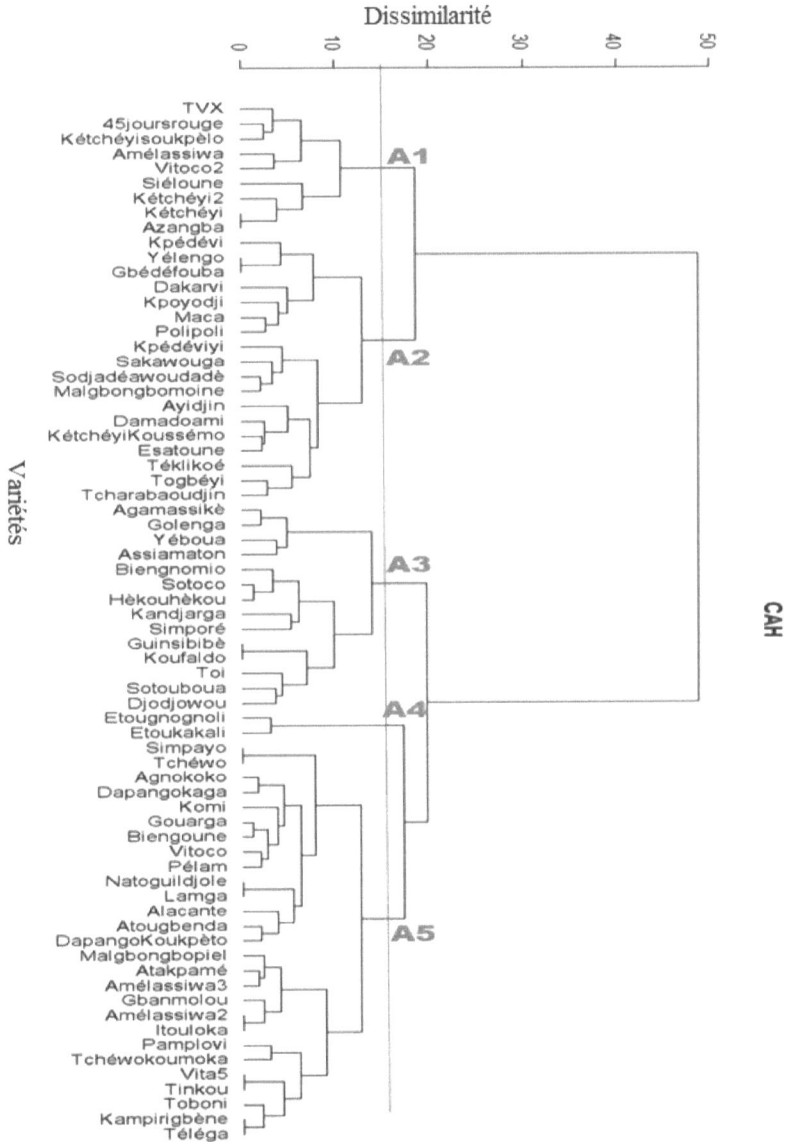

Figure 21 : *classification ascendante hiérarchique (CAH) sur la base des caractères qualitatifs*

La classe A3 est constituée de 14 variétés rampantes ou semi-érigées à fleurs blanches. Les gousses sont arquées ou courbées et les graines ont une taille moyenne ou grande et sont blanches avec un tégument rugueux. *Sotoco* et *Hékou-hékou* sont dans cette classe et se caractérisent par un port rampant, des fleurs blanches et des graines blanches à tégument rugueux.

La quatrième classe (A4) présente deux variétés qui sont *Etoukakali* et *Etougnognoli*. Ces dernières à tiges faiblement pigmentées et folioles vert clair ont un port rampant. Ils produisent des gousses crèmes, de forme arquée et à extrémité pointue et des graines blanches tachetées de noir, de petite taille avec des yeux noirs.

La classe A5 regroupe 27 variétés qui ont en commun des folioles vert clair, des fleurs blanches, un port rampant ou semi érigé. En outre, ces variétés donnent des gousses de couleur crème et des graines blanches de taille petite ou moyenne et à tégument rugueux. C'est le cas d'*Agnokoko*, *Alacante* et *Toboni*.

4.3.7. Combinaison des variables quantitatives

Une classification ascendante hiérarchique (CAH) a été effectuée sur la base des variables quantitatives. Cette CAH génère un dendrogramme qui regroupe les différentes variétés en fonction de leurs ressemblances agronomiques (Figure 22).

Les résultats de cette classification ascendante hiérarchique ont permis de regrouper les différentes variétés en cinq classes (C1 à C5) (Figure 22).

La classe 1 (C1) représente les variétés tardives à faible ou moyen rendement avec des graines de taille petite ou moyenne. La variété *Tchéwo koumoka* qui fait partie de ce groupe a un cycle de 91 JAS pour un rendement de 125 kg/ha.

La classe C2 regroupe des variétés semi précoces à tardives avec des rendements faibles ou moyens. Mais ces variétés donnent de grosses graines et ont donc des poids élevés de 100 graines. C'est le cas des variétés *Golenga* et *Koufaldo* qui ont des cycles respectifs de 97 et 114 JAS et des variétés *Djodjowou* et *Guinsibibé* qui ont des poids de 100 graines respectifs de 26 et 30 g et des rendements respectifs de 153,13 et 53,13 kg/ha.

La classe 3 (C3) est constituée des variétés à haut rendement en graines et ayant donc de longues gousses contenant de nombreuses graines de petite à moyenne taille. Ces variétés ont aussi un cycle précoce ou semi précoce. Certaines variétés comme *Kétchéyi soukpèlo*, *Yéboua* et *45 jours rouges* sont dans ce groupe avec des rendements respectifs de 1179, 947 et 907,64 kg/ha et des cycles respectifs de 67, 71 et 77 JAS.

La classe 4 (C4) est un groupe intermédiaire se trouvant entre les autres groupes. Elle est constituée de variétés semi-précoces et tardives avec des graines de taille moyenne ou grande. Ces variétés ont des gousses moyennement

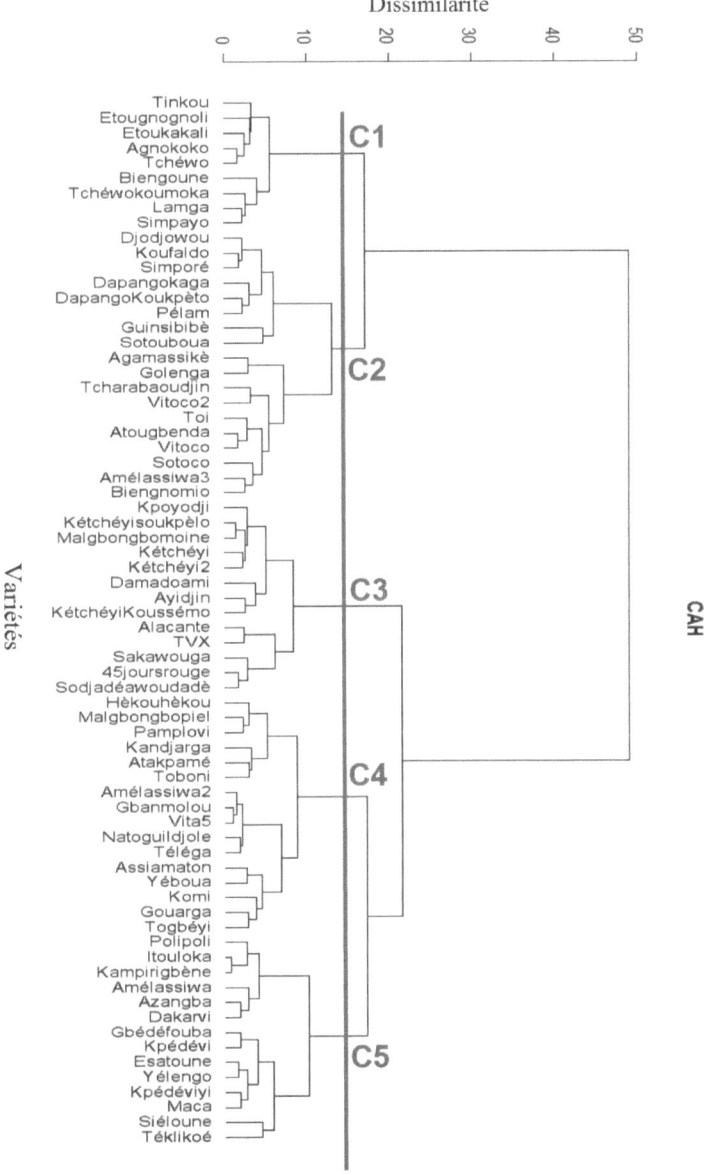

Figure 22 : *classification ascendante hiérarchique sur la base des caractères quantitatifs*

longues et des rendements variables compris entre 90,3 et 907,64 kg/ha. C'est l'exemple des variétés *Pamplovi*, *Atakpamé* et *Hékou hékou*.

La cinquième classe (C5) est caractérisée par des variétés précoces et semi-précoces avec de bons rendements. Dans ce groupe les variétés ont des graines de petite taille. Les variétés *Siéloune* et *Amélassiwa* sont précoces (64 et 69 JAS) et produisent beaucoup avec des rendements à l'hectare de 1341,67 et 765 kg respectivement.

Cette caractérisation agromorphologique a permis d'identifier des variétés exploitables, sélectionnées sur la base des caractères quantitatifs tels que la précocité, le nombre de gousses par plant, la longueur des gousses, le poids de 100 graines et le rendement. Ces variétés sont présentées dans le tableau 31.

Tableau 30 : caractéristiques agronomiques de quelques variétés précoces et à haut rendement

Variétés	Cycle (j)	Nombre de gousses	Longueur des gousses (cm)	Poids de 100 graines (g)	Rendement (kg/ha)
Amélassiwa	69 ± 0,4	30,95 ± 1,7	17,54 ± 0,7	12,67 ± 0,4	765,03 ± 54,7
Kétchéyi	64 ± 1,1	25,51 ± 2,4	18,35 ± 0,3	15,33 ± 0,9	1174,26 ± 36,8
Kétchéyi Soukpèlo	67 ± 4,7	26,25 ± 7,0	18,94 ± 0,8	15 ± 0,0	1179,69 ± 73,4
Kpoyodji	64 ± 0,4	19,54 ± 1,7	18,1 ± 0,8	16,67 ± 1,1	980,21 ± 63,2
Malgbong Bomoine	67 ± 2,2	31,75 ± 4,7	19,19 ± 1,2	16 ±0,0	943,75 ± 75,0
Siéloune	64 ± 0,7	32,76 ± 2,1	16,16 ± 0,4	14,33 ± 0,4	1341,67 ± 93,1
TVX	65 ± 1,1	25,58 ± 3,3	17,14 ± 0,1	19,33 ± 0,4	757,29 ± 74,3

4.4. Discussion

Cette étude a permis d'établir la structuration de la diversité agromorphologique des 70 variétés locales de niébé collectés d'une part et de connaitre les caractéristiques agronomiques de chaque variété d'autre part. Une grande variabilité est observée avec les caractères qualitatifs comme la pigmentation de la tige, la couleur de la foliole et de la fleur, le port de la plante et les caractéristiques des graines et des gousses. Ces résultats sont identiques à ceux observés sur la même culture au Bénin (Gbaguidi *et al.*, 2015), au Botswana (Molosiwa *et al.*, 2016), au Ghana (Cobbinah *et al.*, 2011) et au Tchad (Nadjiam *et al.*, 2015). D'après IBPGR (1983), il existe sept principaux types de port pour le niébé, mais dans le cadre de l'étude, seuls trois types principaux ont été notés comme dans le cadre des études de Dagba et Remy (1990) (érigé, grimpant et rampant). Une proportion importante des variétés étudiées ont un port rampant ou semi érigé comme celle des accessions du Bénin (Gbaguidi et al., 2015). Les feuilles des variétés semi-érigées ou rampantes, assurent une couverture adéquate du sol, tout en conservant de l'humidité pendant les périodes chaudes. Ces types de port limitent également la prolifération des adventices (Nadjiam et al., 2015). Le port de la plante peut être influencé par le milieu (Ghalmi, 2011). Selon Dagba et Remy (1990), des facteurs comme l'eau, la température et l'éclairement (intensité et durée) peuvent déterminer le port de la plante.

Selon IBPGR (1983), il existe différentes couleurs de fleur chez le niébé. Dans cette étude, seules deux couleurs ont été identifiées (blanc et violet). La majorité des variétés (65 %) présentent des fleurs blanches. Ces résultats sont similaires à ceux de Gbaguidi et al. (2015) qui ont observé au Bénin 58,87 % de variétés à fleurs blanches et 41,13 % à fleurs violettes sur une collection de 124 variétés. Mais ils sont différents de ceux trouvés par Cobbinah et al. (2011) au Ghana et Doumbia et al. (2013) sur les accessions du Ghana et du Mali qui ont obtenu de forts pourcentages de fleurs de couleur violette. D'après les études de Ghalmi (2011), trois types de couleurs de la fleur ont été observés (blanche, mauve rose et violette) sur 28 écotypes de niébé d'Algérie.

Selon Rachie (1985), la pigmentation à anthocyanine est responsable de la couleur violette des fleurs qui est une caractéristique des variétés de niébé. Cet auteur a aussi constaté l'existence de quatre couleurs de fleurs principales chez le niébé : la couleur violette, contenant une forte concentration d'anthocyanine ; la couleur rose pâle contenant de petites quantités de pigmentation dans les ailes ; la couleur tachetée présentant une faible bande étroite de pigmentation le long du bord externe et la couleur blanche qui est complètement dépourvue d'anthocyanine. Selon Fery (1985), la présence de pigmentation sur la fleur dépend d'un gène (facteur de couleur générale) et la présence d'anthocyanine dans les tissus des fleurs est le résultat d'une interaction de deux gènes dominants. La couleur violette de la fleur est dominante par rapport à la couleur blanche. La couleur blanche est contrôlée par un gène recessif (Yahaya, 2007 ; Ghalmi, 2011).

Toutes les variétés étudiées ont des gousses non déhiscentes à maturité. Ces résultats sont concordants avec ceux de Nadjiam et al. (2015) au Tchad et montrent qu'aucune variété détenue par les producteurs n'est sauvage car la non-déhiscence des gousses à maturité est un des caractères qui distinguent les variétés domestiques des formes sauvages (Lush et Evans, 1981). Ces dernières une fois sèches en effet s'ouvrent de manière explosive et dispersent les graines (Pasquet et Boudoin, 1997).

La plupart des variétés ont des graines de couleur blanche. La couleur et la taille des graines revêtent une importance capitale aux yeux des consommateurs et des paysans (Dugje *et al.*, 2009). Le tégument de la graine est le plus souvent rugueux. Dans cette étude deux types de téguments sont considérés : rugueux et lisse. D'autres auteurs comme Ghalmi (2011) considèrent quatre types de téguments : lisse, lisse à rugueux, rugueux à ridé et ridé. La nature du tégument est une caractéristique importante pour les consommateurs de niébé (Singh et Ishiaku, 2000). Selon Pasquet et Fotso (1994), le tégument rugueux à ridé est toujours avantageux du point de vue culinaire puisque quand le tégument est plus facile à retirer, la cuisson est plus rapide.

Le caractère nombre de gousses est lié au rendement, ce qui serait utile dans les programmes d'amélioration du niébé. Le nombre de gousses par plant est un caractère à faible héritabilité, ce qui rend la sélection pour ce caractère assez difficile et la grande influence de l'environnement pose problème. Le nombre moyen de gousses par plant varie entre huit et 36. Nous avons enregistré avec la variété *Damadoami* le nombre de gousses le plus élevé avec 36 gousses en moyenne. Ce nombre est supérieur aux 31 gousses obtenues par Boye *et al.* (2016). Il est par contre inférieur à celui enregistré par Gbaguidi *et al.* (2015) soit 71 gousses en moyenne. Cette différence peut s'expliquer par les conditions climatiques rudes caractérisées par des arrêts de pluie au cours de notre essai expérimental. Le coefficient de variation très élevé (59,42 %) pour le nombre de graines par gousse renseigne sur la grande variabilité entre les variétés de la collection du Togo.

Le poids de 100 graines a montré moins de variabilités au sein des variétés par rapport aux autres composantes du rendement. C'est ainsi que ce caractère a été utilisé comme critère de classification pour situer les écotypes de niébé au sein des différents cultigroupes (Chevalier, 1944 ; Pasquet, 1998). Le poids de 100 graines observé est très variable. Il va de 11,67 g à 30 g avec une moyenne de 17,98 g. Ce poids est plus élevé chez les variétés *Guinsibibé*, *Sotouboua*, *Djodjowou* comparativement aux autres avec respectivement 30 g, 29 g, 26 g. Contrairement aux résultats obtenus dans cette étude, la différence de poids des 100 graines a été obtenue entre 4 g et 23 g par Gbaguidi *et al.* (2015), entre 1,02 g et 21,23 g par Boye *et al.* (2016) et entre 7,4 g et 19,66 g par Patil *et al.* (2015). Ce résultat montre que l'accumulation des réserves dans les graines dépend des facteurs climatiques mais également du type de génotype (Boye *et al.*, 2016 ; Khan *et al.*, 2010).

Le nombre de graines et d'ovules par gousse est un caractère morphologique discriminant chez le niébé. Il a été utilisé par plusieurs auteurs pour la classification du niébé cultivé (Chevalier, 1944 ; Pasquet, 1998). La taille des graines est un caractère important chez le niébé (Drabo et *al.*, 1984) ; elle influe directement la productivité et, ensemble avec la couleur de la graine, déterminent la qualité de la graine pour la commercialisation (Lopes et *al.*, 2003). Les grandes graines sont capables de sortir plus rapidement de la profondeur du sol et de lever plus rapidement (Ghalmi, 2011).

Le rendement le plus faible est obtenu chez *Bieng oune* (33,3 kg/ha) et les plus élevés chez *Siéloune*, *Kétchéyi*, *Kétchéyi-soukpèlo* et *Gouarga* avec respectivement 1341 kg/ha, 1174 kg/ha, 1179 kg/ha et 1100 kg/ha. La faiblesse de rendement peut être expliquée en partie par des agressions subies par ces plants au cours de leur cycle végétatif et aussi par des contraintes telles que les maladies, les ravageurs et les conditions environnementales (Craufurd et *al.*, 2013).

L'Analyse en Composante Principale (ACP) a permis de distinguer les caractères qui ont contribué à la variabilité agromorphologique. Elle a révélé que le temps de maturation est négativement corrélé au rendement en graines. Ceci montre que les variétés précoces sont plus productives. Les variétés des groupes 1 et 3 de l'ACP peuvent être très utiles dans les programmes d'amélioration variétale puisque ce sont des variétés précoces ou semi précoces et à haut rendement car l'objectif principal d'un programme d'amélioration est de créer des variétés au rendement élevé et stable, adaptées aux conditions physiques et biologiques des principales zones agro écologiques (Gbaguidi et *al.*, 2015). Comme souligné par Sulnathi et *al.* (2007), le temps de floraison, le temps de maturation, le poids de 100 graines et le rendement sont les caractères qui contribuent le plus à la divergence entre les variétés.

Au cours de cette étude, il a été remarqué que certaines variétés d'origines différentes peuvent porter le même nom. En revanche, elles sont différentes du point de vue agronomique et morphologique car elles ne partagent pas les mêmes groupes ni dans l'ACP ni dans le dendrogramme. C'est le cas des variétés *Amélassiwa*. Ceci peut s'expliquer par le fait que les paysans se trompent de temps à autre sur la reconnaissance des variétés basée seulement sur certains caractères morphologiques qui sont influencés par l'environnement. Par contre la variété *Kétcheyi* issue de Kawa et celle issue de Djéréhouyé sont les mêmes du point de vue agromorphologique. D'autres encore comme *Simpayo* et *Tchéwo* ont des noms et des origines différents mais présentent les mêmes caractéristiques agromorphologiques. Ces variétés sont probablement des doublons mais seule une caractérisation moléculaire peut le confirmer.

Les variétés telles que *Kétchéyi-soukpèlo*, *Siéloune* et *Kétchéyi* qui ont un cycle inférieur à 70 jours et de bons rendements seront intéressants pour les programmes de sélection variétale au niveau du niébé. La précocité des variétés est un critère important pour faire face au phénomène de changement climatique. La préservation de ces ressources phytogénétiques s'avère indispensable afin d'assurer la sécurité alimentaire (Akpavi *et al.*, 2007). Ces ressources sont la matière vivante qui sert aux communautés, aux chercheurs et aux sélectionneurs pour adapter la production alimentaire et agricole à l'évolution des besoins. C'est en préservant et en exploitant ce réservoir de diversité génétique que l'on pourra s'adapter aux variabilités climatiques.

4.5. Conclusion partielle

L'analyse morphologique et agronomique des 70 variétés locales de niébé révèle une grande variabilité au sein de cette collection réalisée au cours de cette étude au Togo. Cette importante variabilité observée pourrait être due à l'expression d'une forte hétérogénéité. Les paramètres les plus discriminants sont le port de la plante, la couleur et la taille de la graine, le nombre de graines par gousse, le poids de 100 graines, le temps de maturation et le rendement. La classification ascendante hiérarchique sur la base des caractères qualitatifs montre 62 morphotypes, ce qui prouve l'existence de doublons. Des corrélations positives existent entre le nombre de gousses et le nombre de graines d'une part et le nombre de gousses et le rendement d'autre part. L'Analyse en Composante Principale permet de distinguer des variétés précoces ou semi-précoces à haut rendement tels que *Siéloune*, *Amélassiwa*, *Kétchéyi*, *Kétchéyi soukpèlo* et *Ayidjin*, qui présentent des traits intéressants pour les programmes d'amélioration variétale. Cependant, *Gouarga* peut être aussi retenue pour son rendement bien qu'elle ait un cycle long. Cette analyse, constituant une première approche d'évaluation de la diversité génétique est très importante dans un contexte de variabilités climatiques et de perte de biodiversité.

L'évaluation de la diversité des variétés de niébé par la caractérisation agromorphologique présente certaines limites étant donné que l'information génétique fournie est surtout limitée par l'expression des traits quantitatifs qui sont influencés par le milieu. En réponse à ces limites, la caractérisation moléculaire est nécessaire pour infirmer ou confirmer les résultats obtenus par la caractérisation agromorphologique et pour identifier les génotypes en surmontant les problèmes résultant de la classification basée sur le phénotype.

5

CARACTERISATION MOLECULAIRE DES VARIETES DE NIEBE [*Vigna unguiculata* (L.) Walp.] DU TOGO

5.1. Introduction

L'origine africaine du niébé a été suggérée vers 1847 et depuis elle n'a jamais été encore contestée parce que les espèces sauvages du niébé ont été trouvées en Afrique tropicale et au Madagascar (Masvodza *et al.*, 2014). Toutefois, le lieu de la première domestication est encore incertain (Pasquet, 1999). Le genre *Vigna* compte aujourd'hui 80 espèces dont *V. unguiculata* (Ba *et al.*, 2004 ; Masvodza *et al.*, 2014).

La sélection variétale paysanne au Togo se traduit par des introductions et des abandons continuels des variétés comme l'ont souligné certains travaux (Akpavi *et al.*, 2013). Ces introductions et abandons des variétés contribueraient à la structuration de la diversité variétale et à l'adaptation des plantes cultivées par rapport à l'environnement physique et socio-économique. Elles peuvent aussi aboutir à un accroissement ou à une diminution de la diversité génétique au Togo.

La préservation de la diversité génétique est indispensable pour l'atteinte de la sécurité alimentaire. Ainsi, près d'un siècle a été consacré à la collecte et à la préservation de cette diversité génétique (Lenne et Wood, 2011). La collecte a concerné les principales plantes cultivées, les espèces sauvages apparentées et les plantes cultivées mineures, à l'initiative de *Bioversity International* (ex IBPGR). Ces efforts de conservation des ressources phytogénétiques ont énormément accru le nombre et la taille des germoplasmes *ex-situ*, posant donc le problème de leur gestion, leur conservation et leur exploitation efficaces. Cette diversité est la matière première des programmes de sélection et a été longtemps évaluée à l'aide des marqueurs morphologiques. Cependant selon Shehzad *et al.* (2009), les caractères morphologiques sont beaucoup influencés par l'environnement et ne reflètent pas toujours la vraie variation génétique à cause des interactions génotype/environnement et de la complexité de l'héritabilité de certains caractères. Tenant compte des limites des marqueurs morphologiques, la plupart des études de diversité associe les marqueurs moléculaires qui révèlent le niveau de polymorphisme de l'ADN. Les marqueurs moléculaires les plus utilisés ces dernières années pour évaluer la diversité du niébé sont les microsatellites (Li *et al.*, 2001 ; Xu *et al.*, 2007 ; Ogunkanmi *et al.*, 2008 ; Lee *et al.*, 2009 ; Asare *et al.*, 2010 ; Badiane *et al.*, 2012 ; Ali *et al.*, 2015). Ces marqueurs sont hautement polymorphes, codominants, fiables et simples à utiliser. Ils permettent, selon Li *et al.* (2001), de discriminer des génotypes proches contrairement aux RAPD et AFLP.

Aucune étude moléculaire n'a été réalisée jusqu'à présent pour évaluer la diversité génétique des variétés locales de niébé produits au Togo. Vu l'importance de l'analyse moléculaire dans les études de diversité et l'identification des variétés, une caractérisation moléculaire de 70 variétés locales de niébé a été entreprise.

L'objectif général de cette étude est de déterminer la structuration de la diversité génétique du niébé au Togo.

Afin d'étudier cette diversité, les variétés collectées dans les cinq régions géographiques sont considérées comme des populations.

5.2. Matériel et méthode

5.2.1. Cadre de l'étude

La caractérisation moléculaire des variétés a été réalisée sur la plate-forme de génotypage du CERAAS à Thiès au Sénégal entre debut mars et fin mai 2017.

5.2.2. Matériel végétal étudié

Le matériel végétal qui a servi de base dans la caractérisation génétique correspond aux variétés locales issues de la descendance des variétés ayant fait l'objet de l'analyse morphologique. Trois graines de chaque variété locale ont été semées dans des pots contenant du sol fertile et humide et placés à l'air libre à la station d'expérimentation du CERAAS.

5.2.3. Extraction de l'ADN génomique

L'extraction de l'ADN a porté sur de jeunes feuilles prélevées sur de jeunes plants âgés de 21 jours. Elle a été faite suivant la méthode d'extraction au MATAB (Mixed Alkyl Trimethyl Ammonium Bromide). Pour chaque échantillon, environ 100 mg de feuilles fraîches ont été mises dans un mortier placé sur de la glace. Un volume de 750 µL de tampon MATAB préalablement préchauffé à 65°C au bain-marie a été ajouté. A l'aide d'un pilon, les feuilles ont été broyées jusqu'à obtention d'un liquide pâteux. Le mélange obtenu a été transféré dans des tubes Eppendorf de 2 mL correspondant pour chaque échantillon. Les tubes ont été homogénéisés au vortex puis incubés au bain-marie à 65°C pendant 20 min avec agitation toutes les 5 min. Les échantillons ont été ensuite refroidis à température ambiante pendant 5 min. Ensuite, sous la hotte, un volume de 750 µL d'un mélange de chloroforme isoamyl alcool (CIA) a été ajouté dans chaque tube et l'ensemble a été homogénéisé par retournement (au moins 50 fois) puis centrifugé pendant 20 min à 13 000 rotation/min (rpm). Un volume de 600 µL du surnageant a été transféré dans un nouveau tube de 1,5 mL et un volume égal d'Isopropanol y a été ajouté. Le mélange a été agité doucement jusqu'à l'apparition de la pelote d'ADN et les tubes ont été placés au congélateur à –20°C pendant 2 h. Les tubes ont été centrifugés à 13 000 rpm à 4°C pendant 20 min. Le surnageant a été éliminé et le culot séché pendant 45 min à l'étuve à 40°C. L'ADN a été repris en ajoutant 300 µL de TE 1X (Tampon Tris Acétate EDTA) pendant une nuit à température ambiante.

5.2.4. Quantification de l'ADN

L'ADN extrait a été quantifié sur gel d'agarose à 0,8 % par une estimation visuelle de la concentration, par comparaison avec les bandes d'un marqueur de taille (Smart Ladder) de concentration connue. Pour ce faire, une plaque de dépôt a été préparée avec 2 µL d'ADN de chaque échantillon mélangé avec 2 µL de Bleu de Bromophénol (Bleu de charge 6X) et 6 µL d'eau distillée. Ensuite, 5 µL de chaque échantillon ont été déposés dans chaque puits du gel de même que le Ladder. La migration a été réalisée dans une cuve remplie de tampon

Tris Borate EDTA (TBE) 0,5X, à 130 volts à température ambiante durant 30 min à l'aide d'un générateur EPS 100 (Pharmatia Biotech). L'ADN a été visualisé sous lumière UV et photographié avec des trainées d'ARN observées à cause de non utilisation de l'ARNase dans l'extraction de l'ADN (Figure 23).

La taille des bandes d'ADN a été déterminée par comparaison avec les étalons du marqueur de taille Standard Smart Ladder. Ce marqueur dispose de 14 bandes d'intensité différentes correspondant à une quantité connue en ng d'ADN.

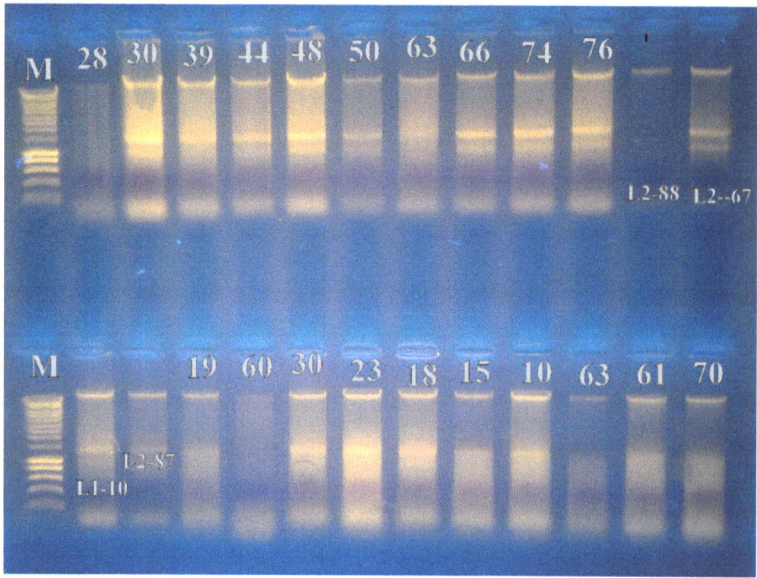

Figure 23 : *photographie d'un gel d'agarose montrant l'ADN vu sous UV*

5.2.5. Amplification de l'ADN

Un volume réactionnel de 10 µL, soit 5 µL d'ADN (5 ng/µL) et 5 µL d'une solution PCR a été utilisé. La solution PCR a été préparée avec 55 µL de tampon 10X, 55 µL de dNTPs (200 µg), 22 µL de $MgCl_2$ (0,5mM), 9 µL de chaque amorce (0,1 µM), 9 µL de l'IRdye (0,1 µM), (Tableau 32), 55 µL de la Taq Polymérase (1U) et 227 µL de l'eau ultra pure. La PCR a été réalisée dans un thermocycleur à bloc 96 (MWG AG biotech) selon les conditions générales suivantes : une étape de dénaturation initiale de 4 min à 94°C ; 26 cycles comprenant une étape de dénaturation à 94°C pendant 60 s, une étape d'hybridation des amorces à une température spécifique variant entre 50 et 55°C (selon les amorces) pendant 1 min, une étape d'élongation à 72°C pendant 1 min 15 s et une extension finale à 72°C pendant 7min.

Après la PCR, un contrôle sur gel d'agarose à 0,8% des produits a été réalisé afin de vérifier la qualité de l'amplification. Puis la plaque a été mise à l'abri de la lumière à l'aide d'une feuille aluminium pour éviter la dégradation du fluorochrome puis placée dans un réfrigérateur.

5.2.6. Séparation et visualisation des amplicons SSR sur système Li-cor DNA Analyzer

Après amplification et contrôle sur gel d'agarose, la séparation et la visualisation des fragments d'ADN amplifiés ont été réalisées sur le séquenceur Li-cor 4300. L'intérêt de cet appareil réside essentiellement dans l'emploi d'un gel polyacrylamide dénaturant très résolutif, car il permet de séparer les différents allèles d'un locus pour révéler du polymorphisme selon la taille (lié à la variation dans la longueur de l'unité de répétition).

5.2.6.1. Préparation du gel

Pour la migration, un gel de polyacrylamide à 6,5 % a été préparé à partir d'un mélange de 20 mL d'acrylamide Long Ranger (LR) froid, 175 μL d'APS et 25 μL de TEMED. Le mélange a été homogénéisé, coulé entre deux plaques en borosilicate et polymérisé pendant au moins 1h 30min. Après polymérisation, un pré-run de 30min a été réalisé afin d'élever la température du gel et de s'assurer qu'il est prêt à l'emploi.

5.2.6.2. Multiplexage

Le système Li-cor permet de visualiser deux images simultanément. Du coup, dans un souci d'économie et de rapidité, les produits PCR pour un même individu ont été groupés selon le fluorochrome utilisé au cours de la PCR. Pour le multiplexage, 2,5 μL de fragments d'ADN amplifiés ont été prélevés de chaque puits des deux plaques et mélangés dans un puits d'une nouvelle plaque de multiplexage. Dans chaque puits, 12 μL de bleu-urée ont été ajoutés et le tout a été centrifugé à 13 000 rpm pendant 10s. Ainsi, deux marqueurs ont été déposés sur le gel en même temps, un marqueur en IRdye 700 et un autre en IRdye 800.

Tableau 31 : liste des marqueurs SSR utilisés avec leurs dye (Andargie et al., 2011)

N°	Code des marqueurs	Amorce directe (5' à 3')	Amorce inverse (5' à 3')	Dye utilisé
1	MA 113	CACGACGTTGTAAAACGACTCGCACACAGATCCAACATT	CCTTATTTCTCGTGGGAGCA	800
2	MA 120	CACGACGTTGTAAAACGACCTTGGGGTGATGATGAAACC	AGGGGTGAAAAGTTGTCTTGC	700
3	SSR 6215	CACGACGTTGTAAAACGACGCTTCCCCGCTAGAATCTTT	GGTGCCAATGGATCAGGTAA	800
4	SSR 6217	CACGACGTTGTAAAACGACGGGAGTGCTCCGGAAAGT	TTCCCTATGAACTGGGAGATCTAT	700
5	SSR 6239	CACGACGTTGTAAAACGACCACTTTCTCCTAAGCACTTTTGC	AAGTGAAGCATCATGTTAGCC	700
6	SSR 6241	CACGACGTTGTAAAACGACCACTTTCTCCTAAGCACTTTTGC	TTGATGGAGTTCGCATCTTCT	800
7	SSR 6243	CACGACGTTGTAAAACGACGTAGGGAGTTGGCCACGATA	CAACCGATGTAAAAAGTGACA	700
8	SSR 6245	CACGACGTTGTAAAACGACCGAACATGTTTTTGGTCACG	CTACAACCGCGTTAGCCTTC	700
9	SSR 6246	CACGACGTTGTAAAACGACTCTTGGGTCTCCAAAATCTGTAA	TTTCTATTGGGGTCCCCTTC	700
10	SSR 6288	CACGACGTTGTAAAACGACGATGTTGTGAGCAGGCTAATTGA	TGGCCAATTGTCCTAAGTTGA	700
11	SSR 6289	CACGACGTTGTAAAACGACCCCCCAAAGTTGATGAACAC	TTGATGGAGTTCGCATCTTCT	700
12	SSR 6304	CACGACGTTGTAAAACGACCTGGAACAAGTCGAGATGGAA	CCATCCCCCACCAAAGT	800
13	SSR 6311	CACGACGTTGTAAAACGACATGCCATTGTTGAGTTGCTTT	AGGATGTTGTAGCAGGCTAATTG	800
14	SSR 6323	CACGACGTTGTAAAACGACCAAAGGGTCATCAGGATTGG	TTTAAGCAGCCAAGCAGTTGT	800
15	SSR 6421	CACGACGTTGTAAAACGACGAGCCATCACATTCATGCACA	TTCAACTTCCCAACACTCC	800
16	SSR 6425	CACGACGTTGTAAAACGACTGCTCAGTTCTGTGGTCCTG	TGGTTTATTCATCCAACATAGCA	700
17	SSR 6769	CACGACGTTGTAAAACGACGAACACGTGCCAACATAAAAGAAC	CTAAGATGTCGGCAGTTCTGTAAC	700
18	SSR 6671	CACGACGTTGTAAAACGACCAAACTTTGATATCGATCCTTG	GTTCTCTCATGCCATGATG	800
19	SSR 6774	CACGACGTTGTAAAACGACGAATCCACTCGTTTTAGAATCTC	GAGAGTGTTTTCAAGTGTGAACC	700
20	SSR 6777	CACGACGTTGTAAAACGACCACCGAAGCATGTGACACGTAC	CATTGAACAAACATCGCTGAAGC	700
21	SSR 6800	CACGACGTTGTAAAACGACTGACTCTTTCTCTCAAGTTA	GATGGGTTGTGAAAATAAA	700
22	SSR 6807	CACGACGTTGTAAAACGACGAACTATTATACAATCATGCACGA	GTAGCTTACTTCAATGATTAG	800
23	SSR 6819	CACGACGTTGTAAAACGACGCAACATCGAGGAAGATGCAAAG	CAAAAGAAATCATGATCTAACTTC	700
24	SSR 6844	CACGACGTTGTAAAACGACAGTTCTATCAGTATATTTCATTT	ATTGTTAATTAGAAACCTAGCTGGG	800
25	SSR 6862	CACGACGTTGTAAAACGACGTTAGAGGTATGTGTAAGATG	GGCATTTCCATCCTCATCTC	700
26	SSR 6866	CACGACGTTGTAAAACGACTGGTGGGTTGGTATCGAAAG	GCAACCTTACGAAATCTCAAA	800
27	SSR 6924	CACGACGTTGTAAAACGACGATCACCTCCCACACCTCAG	TAGCAGTTTCCCACCAGCTT	700
28	SSR 6827	CACGACGTTGTAAAACGACTGACGGGATCTCTCAAGTTA	GATGGGTTGCCCAAAATAAA	700

5.2.6.3. Dépôt des échantillons et migration

Avant le dépôt, les produits PCR multiplexés ont été dénaturés à 94°C pendant 3min puis la plaque a été placée sur de la glace. La quantité d'ADN dénaturé déposée dans les puits du rack de dépôt est de 2,5 µL. Le rack est ensuite placé sur de la glace afin d'empêcher la ré-hybridation de l'ADN. Un marqueur de taille a été dénaturé et déposé aux extrémités et entre les échantillons du rack. Quatre vingt treize échantillons ont été déposés simultanément dans le gel d'acrylamide à l'aide d'un peigne membrane. Les amplicons SSR migrent par électrophorèse en fonction de la taille, à l'aide d'un champ électrique et le temps de migration a été fixé à 2h. Les fragments marqués lors de l'amplification émettent une fluorescence lorsqu'ils sont excités par des diodes lasers à deux longueurs d'ondes différentes (682 et 782 nm). Une caméra infrarouge détecte les signaux et les images sont automatiquement enregistrées, puis téléchargées pour leur analyse.

5.2.7. Analyse des données moléculaires

Toutes les images des profils des gels ont été imprimées pour la lecture. Une matrice binaire a été générée pour toutes les variétés sur la base des motifs des bandes observées à un locus particulier. Le logiciel GenAlex 6.4 a été utilisé pour déterminer les paramètres génétiques comme le nombre d'allèles par locus, le pourcentage des loci polymorphes, l'hétérozygotie, l'analyse de la variance moléculaire et le contenu d'information polymorphique (PIC). Enfin, le logiciel Darwin 6 a été utilisé pour réaliser le dendrogramme.

5.3. Résultats

5.3.1. Indices de diversité génétique et polymorphisme des marqueurs SSR

Initialement, 32 couples d'amorces SSR ont été utilisées. Toutefois, quatre de ces amorces SSR ont été abandonnées de l'analyse parce qu'elles ne présentaient pas un profil lisible avec des bandes claires. Vingt huit couples d'amorces SSR ont donc servi à faire les analyses génétiques.

Au total, 163 allèles ont été détectés en utilisant 28 couples d'amorces SSR à travers le germoplasme de 70 variétés locales de niébé du Togo (Tableau 33).

Tableau 32 : indice de diversité génétique et de polymorphisme des 28 marqueurs SSR pour 70 accessions du niébé cultivées au Togo

Locus	A	f	He	Ho	PIC
SSR6421	3	0,557	0,497	0	0,506
SSR6246	3	0,814	0,285	0,01	0,307
SSR6217	2	0,639	0,442	0,018	0,461
SSR6323	3	0,521	0,516	0,038	0,536
SSR6769	3	0,394	0,748	0,04	0,656
SSR6425	3	0,580	0,533	0,011	0,575
SSR6774	2	0,629	0,449	0,011	0,467
SSR6777	2	0,768	0,37	0,011	0,356
SSR6311	2	0,614	0,473	0,049	0,474
SSR6862	5	0,576	0,504	0,011	0,612
SSR6243	8	0,254	0,379	0,05	0,832
SSR6215	9	0,300	0,764	0,256	0,819
SSR6924	4	0,676	0461	0,02	0,488
SSR6671	2	0,900	0,181	0,03	0,180
SSR6819	10	0,275	0,759	0	0,833
SSR6800	13	0,214	0,831	0,02	0,876
SSR6245	3	0,732	0,382	0,06	0,399
SSR6304	4	0,583	0,435	0,05	0,537
SSR6288	2	0,800	0,324	0,351	0,320
SSR6239	9	0,232	0,75	0,014	0,836
SSR6807	14	0,197	0,836	0,104	0,895
SSR6241	7	0,589	0,576	0,319	0,621
SSR6844	11	0,246	0,792	0,024	0,847
MA120	10	0,257	0,794	0,034	0,814
SSR6866	11	0,273	0,815	0	0,865
MA113	12	0,269	0,816	0	0,859
SSR6289	3	0,860	0,218	0,217	0,246
SSR6827	3	0,746	0,376	0,28	0,386
Somme	163				
Moyenne	5,821	0,517	0,547	0,072	0,67
Ecart-type	3.99	0,2	0,019	0,01	0,22

A : nombre d'allèles, f : fréquence allélique majeure, He : hétéozygotie attendue, Ho : hétérozygotie observée, PIC : contenu d'information polymorphique.

Le nombre d'allèles varie de deux à 14 (SSR6807), avec une moyenne de 5,821. Seize marqueurs SSR (57,14 %) détecte deux à quatre allèles et contribue à un total de 44 (26,99 %) allèles (Figure 24). MA113, SSR6800 et SSR6807 ont amplifié respectivement 12, 13 et 14 allèles.

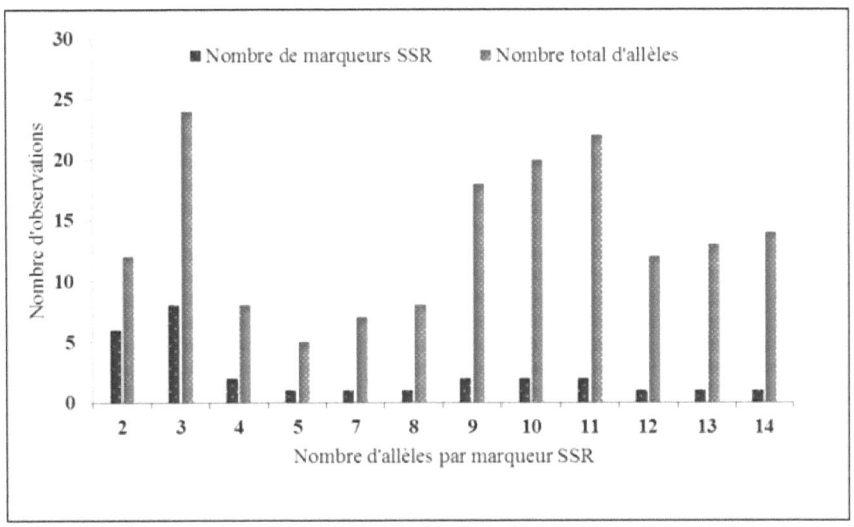

Figure 24 : *distribution de 28 marqueurs SSR à travers 163 allèles amplifiés sur 70 variétés de niébé*

La fréquence allélique majeure varie de 0,197 à 0,9 avec un nombre moyen de 0,517 (Tableau 33). Les fréquences alléliques les plus élevées ont été obtenues avec SSR6671, SSR6289 et SSR6288, tandis que les plus faibles ont été révélées avec SSR6807 (0,197) et SSR6800 (0,214). Parmi les 28 marqueurs SSR, 8 (28,57 %) ont une fréquence comprise entre 0,2 et 0,299 et 6 (21,42 %) ont une fréquence comprise entre 50 % et 59,9 % (Figure 25). Un marqueur (SSR6671) a révélé une fréquence de 90 %. Les allèles rares (fréquence <5 %) représentent près de 28 % de l'ensemble, soit 45 allèles rares. Ces allèles sont surtout en forte proportion au niveau des marqueurs SSR6844 et MA120 qui totalisent respectivement cinq et six allèles rares.

La diversité génétique de Nei (He) de la collection analysée est comprise entre 0,181 et 0,836 avec une moyenne de 0,547. Le marqueur SSR6807 présente l'hétérozygotie attendue la plus élevée, tandis que la plus petite 0,181 a été détectée par SSR6671 (Tableau 33). La diversité génétique a une relation directe avec les valeurs du PIC.

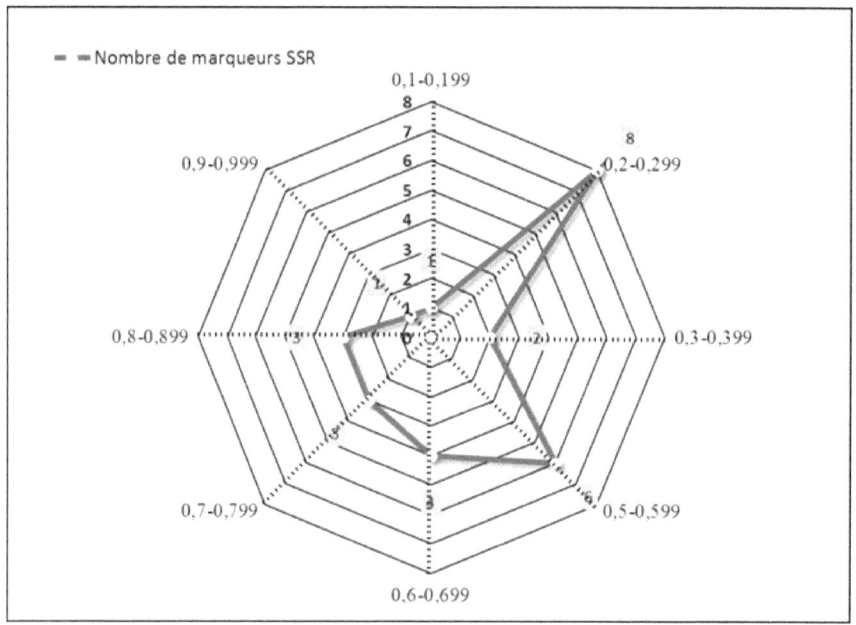

Figure 25 : fréquence allélique des 28 marqueurs SSR

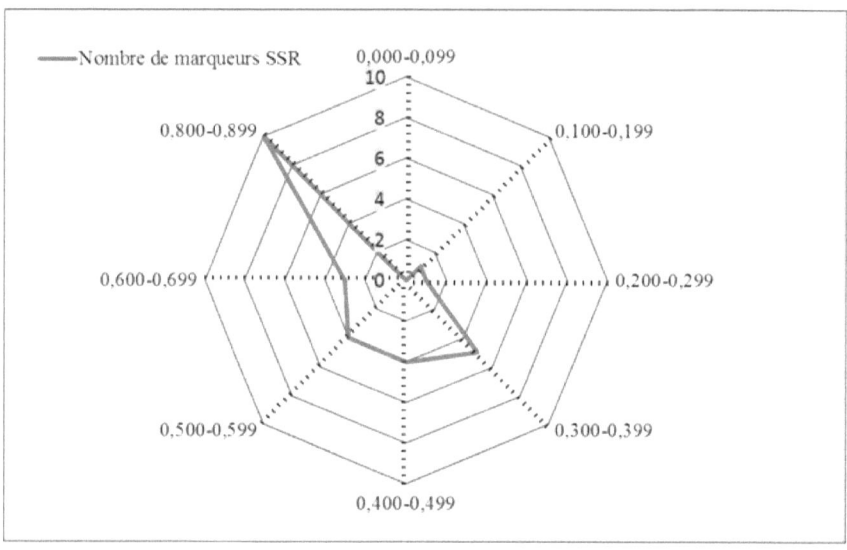

Figure 26 : fréquence du PIC à travers les 28 marqueurs SSR

Les valeurs du PIC varient de 0,18 à 0,895, avec une valeur moyenne de 0,67 (Tableau 33). Les valeurs importantes du PIC sont enregistrées avec les marqueurs SSR6807, SSR6800, SSR6866 et MA113, par contre les valeurs les plus faibles sont enregistrées avec les marqueurs SSR6671, SSR6289, SSR6246 et SSR6288. Dix sept marqueurs parmi les 28 (60,71 %) ont des valeurs de PIC supérieures à 0,5 (Figure 26) et 10 marqueurs SSR (35,71 %) montrent des valeurs de PIC comprises entre 0,8 et 0,899.

Tous les marqueurs utilisés sont capables de détecter les niveaux d'hétérozygotie qui sont de 0 à 0,351 pour le marqueur SSR6288, avec une moyenne de 0,072.

5.3.2. Variabilité génétique

Le tableau 34 présente le nombre d'allèles privés, les valeurs d'hétérozygotie attendue (He) et observée (Ho) ainsi que les indices de fixation (Fis) pour chaque population. La première information donnée par cette étude est qu'aucune population n'est en équilibre de Hardy-Weinberg car aucun indice de fixation n'est égal à zéro. Le taux d'hétérozygotie observée varie de 0,055 à 0,1. Celui-ci est faible par rapport aux taux d'hétérozygotie attendue. La moyenne la plus élevée de Ho (0,1) est enregistrée dans la population de la région centrale tandis que la plus faible (0,055) est observée dans la région des Plateaux. La moyenne d'hétérozygotie attendue (He) la plus élevée (0,578) est enregistrée dans la population des Savanes alors que la plus faible (0,489) est enregistrée dans la population de Kara. La grande moyenne de l'hétérozygotie observée dans les cinq populations (Ho = 0,072) est faible et inférieure à l'hétérozygotie moyenne attendue par la population dans les conditions de Hardy-Weinberg (He = 0,547), ce qui témoigne d'un déficit en hétérozygotes (Tableau 34).

De plus les Fis sont très élevés, significativement proches de 1 (Tableau 34). Le Fis moyen sur les cinq populations est de 0,815. Le nombre d'allèles privés le plus élevé qui est de 63 est observé dans la population des Savanes pendant que le nombre le plus bas qui est de 2 est révélé par la population de Kara.

Le pourcentage de loci polymorphes est de 100 % dans trois régions géographiques avec une moyenne de 97,86 % sur les cinq régions.

Tableau 33 : nombre d'allèles privés ; hétérozygotie observée (Ho) et attendue (He), indice de fixation et pourcentage de loci polymorphes

Populations	N	Np	Ho	He	Fis	P
Maritime	14	34	0,058	0,535	0.827	96,43
Plateaux	15	25	0,055	0,557	0,833	100
Centrale	10	18	0,100	0,574	0,780	100
Kara	11	2	0,067	0,489	0,837	92,46
Savanes	20	63	0,081	0,578	0,799	100
Grande Moyenne		28,4	0,072	0,547	0,815	97,86
Ecart-type		22,61	0,01	0,019	0,028	1,43

N : nombre d'échantillons, Np : nombre d'allèles privés, Ho : hétérozygotie observée, He : hétérozygotie attendue, Fis : indice de fixation, P : pourcentage de loci polymorphes.

5.3.3. Structuration génétique des variétés locales analysées

Une analyse de variance moléculaire (AMOVA) a été réalisée sur la matrice des distances euclidiennes entre variétés individuelles. L'analyse par AMOVA a indiqué que la part de la variation génétique attribuée à la différenciation située entre les régions est nulle (Tableau 35), par contre celle située à l'interieur des régions est de 100 %. Le dégré de variation génétique à l'intérieur des variétés est de 8 %. Le maximum de la diversité est situé entre les variétés à l'intérieur d'une région avec 92 % de variation génétique.

Tableau 34 : analyse de la variance moléculaire (AMOVA) à trois (3) niveaux portant sur les variabilités variétés et régions

Source de variation	ddl	SCE	Est. Var.	PVT
Entre régions	4	572,319	0,148	0%
Entre variétés à l'intérieur de chaque région	65	9439,584	7,129	92%
A l'intérieur des variétés	70	410,861	1,135	8%
Total	139	1157,796	8,411	100%

ddl : degrés de liberté, SCE : somme des carrés des écarts, Est. Var. : variance expliquée, PVT : pourcentage de la variance totale.

Une représentation arborée de la matrice de dissimilarités par la méthode de « Neighbor-Joining « (Figure 27) permet de voir les relations entre les variétés de niébé. Le dendrogramme montre qu'il n'existe pas de structuration entre les variétés selon les régions, par conséquent, il n'y a pas des variétés spécifiques à une région donnée. L'ensemble de la diversité des variétés de niébé est organisé autour de quatre groupes majeurs.

- le groupe 1 (G1) est composé de 30 variétés dont 43,33 % des variétés des Savanes, sept variétés des Plateaux, cinq variétés de la région Maritime, trois variétés de la région Centrale et deux de la région de la Kara.
- le groupe 2 (G2) est constitué de 12 variétés sans aucune de la région de la Kara
- le groupe 3 (G3) est constitué de 13 variétés de quatre régions géographiques à l'exception des variétés des Savanes
- le groupe 4 (G4) est composé de 15 variétés dont 40 % des variétés de la région de la Kara et le reste venant des quatre autres régions géographiques.

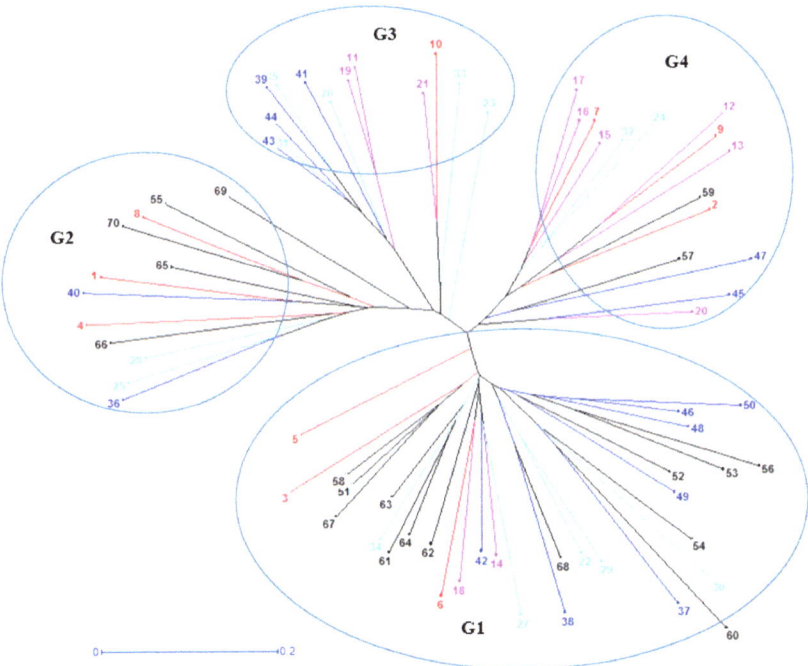

Figure 27 : *représentation arborée du dendrogramme construit d'après la matrice de dissimilarités obtenue pour l'ensemble des 70 variétés locales de niébé avec la méthode de « Neighbour-Joining «*

● Maritime ● Plateaux ● Centrale ● Kara ● Savanes

5.4. Discussion

5.4.1. Indices de diversité et polymorphisme des marquers SSR

Une évaluation efficiente des ressources génétiques peut aider à diminuer les redondances et à construire une collection noyau ou *core collection* qui peut être utilisée pour identifier et conserver les traits intéressants tout en diversifiant la base génétique étroite du niébé. Les marqueurs moléculaires sont des outils puissants pour élucider les variations et les relations au sein et entre les populations de germoplasmes du niébé. Parmi les marqueurs génétiques, les SSR sont appliqués avec succès dans divers programmes d'amélioration afin d'étudier la diversité génétique, d'établir une carte génétique, un pedigree et l'identification variétale parce qu'ils sont multi-alléliques, et à un haut niveau de polymorphisme et aussi faciles à utiliser (Li *et al.*, 2001 ; Kouakou *et al.*, 2007 ; Asare *et al.*, 2010 ; Tan *et al.*, 2012). Des études antérieures ont montré que les SSR sont des marqueurs idéaux pour explorer efficacement la diversité génétique, la structuration d'une population et la définition de QTL à partir des germoplasmes de niébé (Andargie *et al.*, 2011 ; Kongjaimun *et al.*, 2012).

Dans la présente étude, la variation allélique est large (2 à 14). Selon Lacape *et al.* (2007), le nombre d'allèles amplifiés par locus dépend des marqueurs sélectionnés et du type de germoplasme. La richesse allélique (5,82) obtenue dans cette étude est faible par rapport à celle obtenue par Ali *et al.* (2015) à partir de 16 marqueurs SSR informatifs dans l'analyse de 252 génotypes de niébé du Soudan et IITA-Nigéria qui a rapporté deux à 17 allèles par locus avec un nombre moyen de 8,1. Fatokun *et al.* (2008) ont détecté quatre à 13 allèles au sein de 48 génotypes sauvages de niébé collectés à travers différentes zones agro-écologiques d'Afrique avec un nombre moyen de 7,5 allèles par locus. Contrairement aux résultats obtenus dans cette étude, Badiane *et al.* (2012) ont détecté de un à 16 allèles par locus. Toutefois, des études antérieures réalisées au Ghana, Burkina Faso, au Sénégal et au Nigéria ont révélé un à six ; cinq à 12 ; un à neuf et deux à cinq allèles par marqueurs respectivement (Asare *et al.*, 2010 ; Sawadogo *et al.*,2010 ; Diouf et Hilu, 2005 et Adetiloye *et al.*, 2013). Ces variations du nombre d'allèles par marqueur peuvent être attribuées au type et au nombre de génotypes de niébé et de marqueurs utilisés dans l'analyse.

Les allèles révélés par les marqueurs SSR ont montré un niveau très élevé de polymorphisme, avec les 70 variétés variétales, donnant un taux de 97,86 %. Morgante *et al.* (1994) ont trouvé un taux de polymorphisme de 100 % chez le soja. Le taux de polymorphisme obtenu de cette étude est largement supérieur aux 22 % trouvés par Kouakou *et al.* (2007), aux 42 % de Pasquet (2000) et aux 80 % trouvés par Uma *et al.* (2009). Ce taux élevé de polymorphisme peut être lié au nombre peu important de variétés étudiées. Aussi, les microsatellites sont-ils réputés être les marqueurs les plus polymorphes (Santoni *et al.,* 2000 ; Kouakou *et al.*, 2007). Dans le cadre de notre étude les 28 marqueurs SSR utilisés sont des marqueurs polymorphes obtenus à l'issue des études antérieures et qui sont disponibles au laboratoire. En effet, ces marqueurs permettent d'avoir une estimation fiable des paramètres de la diversité génétique.

La présence d'allèles rares (27,6 %) dans la présente étude démontre que plusieurs nouveaux allèles sont présents et contribuent à la diversité complète de la collection de variétés de *Vigna unguiculata* (L.) Walp.

La diversité génétique moyenne obtenue dans cette étude est de 0,547 avec une variation de 0,181 à 0,836. Ce résultat est similaire à celui d'Ali *et al.* (2015) avec une valeur de la diversité génétique moyenne de 0,60 variant de 0,34 à 0,85. Par contre, sur les variétés de niébé du Sénégal, la diversité génétique variait de 0,08 à 0,42 avec une moyenne de 0,28 (Badiane *et al.*, 2012). En outre, sur les germoplasmes des variétés de niébé du Ghana, la diversité génétique moyenne est de 0,44 variant de 0,12 à 0,68 (Asare *et al.* 2010). Les résultats de la diversité génétique reflètent la proportion de loci polymorphes à travers le génome. Comparativement aux résultats de Badiane *et al.* (2012) et d'Asare *et al.* (2010), les marqueurs SSR utilisés dans cette étude sont très polymorphes.

La valeur moyenne du PIC calculée dans cette étude est de 0,67 (0,18 à 0,895). En accord avec le résultat de cette étude, Fatokun *et al.* (2008) ont obtenu une valeur moyenne du PIC de 0,68 avec une variation du PIC de 0,29 à 0,87. En revanche, d'autres études portant sur le niébé ont noté des valeurs moyennes du PIC faibles. Il s'agit des travaux de Badiane *et al.* (2012), d'Asare *et al.* (2010) et d'Ali *et al.* (2015) qui ont eu respectivement une valeur moyenne du PIC de 0,23 (0,08 à 0,33) ; 0,39 (0,07 à 0,66) et de 0,56 (0,33 à 0,83). La présente étude révèle que des 28 marqueurs SSR utilisés pour l'analyse de 70 germoplasmes de *Vigna unguiculata* (L.) Walp. 7,14 % sont faiblement informatifs, 32,14 % modérément informatifs et 60,71 % hautement informatifs. Les valeurs du PIC obtenues dans cette étude pourraient indiquer que pour la plupart des marqueurs utilisés, il existe une forte probabilité que deux variétés prises au hasard soient clairement distingués.

L'hétérozygotie dans cette étude varie de 0 à 0,351 avec une valeur moyenne de 0,072. Les travaux d'Ali *et al.* (2015) au Soudan ont révélé une hétérozygotie variant de 0,01 à 0,13 avec une moyenne de 0,05. La valeur moyenne d'hétérozygotie la plus élevée est celle obtenue par Asare *et al.* (2010) au sein des variétés de niébé du Ghana analysées à partir des marqueurs SSR avec des valeurs variant sur une échelle de 0,01 à 0,84 et une moyenne 0,19. La faible hétérozygotie révélée chez le niébé est en accord avec des résultats précédents obtenus qui ont rapporté que le niébé a généralement une base génétique étroite due à sa reproduction qui est caractérisée par une forte autogamie (Ba *et al.*, 2004 ; Xu *et al.*, 2010 ; Ali *et al.*, 2015). En effet, le niébé est une plante autogame stricte (Ehlers et Hall, 2007). Or, l'autogamie empêche une union aléatoire des gamètes et des individus, entraînant une réduction des hétérozygotes et par conséquent, un excès d'homozygotes (Petit et Zuckerkandl, 1976 ; Kouakou *et al.*, 2007), ce qui serait responsable des taux nuls d'hétérozygotie révélés par certains des marqueurs utilisés dans ce travail comme SSR6421, SSR6819, SSR6866 et MA113. Par contre, l'hétérozygotie non négligeable obtenue pour la plupart des marqueurs serait liée à certaines pressions de sélection qui tendent à renforcer les génotypes hétérozygotes issus de quelques hybridations dues aux légers taux d'allogamie qui proviennent selon Baudoin *et al.* (2002) des possibilités d'hybridation accidentelle qui subsistent toujours chez les espèces très autogames. C'est ainsi que le taux élevé d'hétérozygotie révélé par SSR6288 d'une valeur de 35,1% est susceptible de révéler une grande variation dans le génome des variétés du niébé du Togo.

5.4.2. Structuration de la diversité génétique

La diversité morphologique des variétés traditionnelles de niébé est gérée de façon dynamique par les agriculteurs. En effet, un paysan peut disposer de plusieurs variétés, mais il existe des échanges actifs de semences très dominés par l'achat. Ainsi, un cultivateur togolais peut acheter des semences dans deux ou plusieurs marchés plus ou moins éloignés les uns des autres. De telles pratiques ont certainement une influence sur les flux de gènes, et par conséquent modifieraient la diversité intra et inter régions (Kouakou *et al.*, 2007). Nkongolo (2003) explique la forte diversité intra variétés observée chez les variétés traditionnelles de niébé au Malawi par le flux de gènes entretenu par les échanges et les achats de semences dans différents marchés du pays effectués par les paysans.

Les 28 marqueurs SSR ont permis de regrouper l'ensemble des variétés de niébé du Togo en quatre groupes génétiques sans une structuration particulière avec les caractères agro-morphologiques. L'absence de structure claire entre les populations des régions étudiées du Togo serait due à la forte variabilité entre les variétés résultant d'un polymorphisme important, ce qui peut cacher la présence de structure à l'intérieur ou entre les régions. De plus, selon Ward (2000), la taille d'échantillons nécessaire pour détecter une structure entre deux groupes devrait être d'au moins 100 individus par échantillon. Or, dans la présente étude, les échantillons sont composés d'au plus 20 variétés. Un plus grand échantillonnage aurait peut-être permis de mettre en évidence la structure des variétés de niébé dans les régions du Togo. Selon Ghebru *et al.* (2002), la plupart des variétés traditionnelles de sorgho de l'Erythrée désignées par le même nom vernaculaire ou ayant des caractères d'identification similaires se rassemblent dans le même groupe. Dans la collection du Togo, plusieurs variétés désignées par le même nom vernaculaire se retrouvent dans des groupes génétiques différents. C'est le cas des variétés *Amélassiwa* d'Atimado qui se retrouve dans le groupe 4 et celui de Wli dans le groupe 1 bien que les deux villages soient des villages Ewé. Par contre, certaines variétés de noms vernaculaires différents se retrouvent dans un même groupe génétique (c'est le cas d'*Itouloka* et *Etoukakali* en langue Natchab qui sont toutes dans le groupe 1). Ces résultats s'expliquent soit par le fait que les paysans nomment les variétés sur la base des caractéristiques morphologiques qui n'ont toujours pas un sens génétique soit par une différenciation génétique de variétés qui étaient au départ identiques mais ayant été par la suite sélectionnés pour différents usages. De plus, une variété peut changer de nom à la suite d'un échange ou d'un don. Il s'en suit que deux variétés nominalement différents peuvent être génétiquement identiques. La corrélation entre diversité vernaculaire et diversité génétique est faible (Deu *et al.*, 2010). Les noms attribués aux variétés locales de niébé par les paysans ne sauraient donc être un critère efficace de distinction des variétés de niébé entre elles, ils servent par contre à distinguer les variétés de niébé.

5.5. Conclusion partielle

Au Togo, le niébé est l'une des principales légumineuses à graine cultivée, alors que les ressources génétiques du niébé sont faiblement caractérisées. Cette étude fournit des informations utiles sur la variabilité des marqueurs SSR laquelle conduisant à une meilleure compréhension de la structure et de la variabilité génétique des variétés. Cette étude de la diversité génétique aborde pour la première fois la structure des variétés de niébé du Togo, explore également la diversité au niveau moléculaire de ces variétés et révèle à cet effet, dans l'ensemble, leur faible diversité génétique avec une variabilité intra variétés moins élevée que la composante inter variétés. La richesse allélique est de 5,82 allèles et 17 marqueurs sont hautement informatifs (0,5 < PIC < 0,89). La collection analysée présente quatre groupes génétiques qui ne sont pas homogènes d'après les régions géographiques. Ceci montre que les échanges de semences se font de façon fluide dans le pays. La voie prioritaire d'approvisionnement des semences est l'achat, ce qui ne permet pas d'avoir une structuration assez homogène de la diversité génétique des variétés de niébé.

CONCLUSION GENERALE ET PERSPECTIVES

Cette étude effectuée sur la caractérisation agromorphorlogique et génétique des variétés de niébé au Togo a permis de comprendre la gestion paysanne de cette culture mais aussi la structuration de sa diversité agromorphologique et génétique.

L'étude de la diversité a permis de recenser 289 accessions à travers 50 villages. L'analyse de distribution et de l'étendue des variétés a révélé qu'en moyenne trois variétés élites sont cultivées sur le plan national. Cette faiblesse relative des variétés élites soutient l'hypothèse selon laquelle les producteurs togolais pratiquent encore une agriculture de subsistance.

L'étude ethnobotanique a permis de comprendre que les contraintes majeures de l'expansion du niébé sont les attaques des insectes au champ et après récolte et dans une autre mesure le retard et l'insuffisance des pluies. Les données sur la gestion paysanne révèlent que la culture du niébé vient en seconde position après les céréales dans le pays et aussi qu'il est cultivé sur de petites surfaces. Toutefois, elle est une des sources de revenu dans les ménages. Le nombre de variétés varie de un à six dans les ménages et de deux à 13 dans les villages. D'après l'indice de diversité de Shannon-Wiener (H' = 3,82) et l'indice d'équitabilité de Piélou (J' = 0,67), il existe une grande une forte diversité variétale à l'échelle du pays. En revanche, des taux inquiétants de risque d'abandon de ces variétés allant de 0 à 60 % selon le village ont été recensés avec une moyenne d'environ 27 %. L'analyse de la distribution des variétés a révélé une répartition inégale de la diversité selon les régions avec les régions Maritime et des Plateaux comme zones les plus riches.

Les caractérisations agromorphologique et génétique des espèces sont indispensables pour permettre une meilleure connaissance et une exploitation efficace des ressources génétiques disponibles. Ces deux méthodes d'étude de la diversité sont complémentaires, la première permettant d'évaluer la diversité en milieu réel et la seconde, mettant en évidence les variations au niveau de l'ADN. La présente étude a permis de mettre en évidence un important niveau de diversité des variétés de niébé au Togo. Elle met donc en relief les pratiques adoptées par les paysans pour la gestion et de conservation *in situ* des variétés.

La diversité agromorphologique est structurée autour de quatre groupes principaux dont certains sont précoces et à haut rendement. Au niveau des variables, des corrélations existent entre le temps de floraison, le rendement, le temps de maturation, le nombre de gousses, etc. Les classifications hiérarchiques ascendantes sur la base des caractères qualitatifs et quantitatifs des 70 variétés locales montrent cinq groupes agromorphologiques. Cette caractérisation agromorphologique a permis d'avoir une meilleure connaissance des ressources génétiques du niébé disponibles au Togo en vue de leur conservation et valorisation éventuelle dans des programmes d'amélioration variétale.

L'étude de la diversité génétique du niébé révèle quatre groupes génétiques. Néanmoins, il n'y a pas de concordance entre les appellations locales et les groupes génétiques. Aucun groupe n'est défini selon une région donnée, ce qui suggère un niveau élevé d'échange de semences sur le plan national. Dans l'ensemble, une faible diversité génétique est notée avec une variabilité intra variétés moins élevée que la composante inter variétés. Vu l'importance du niébé dans les habitudes alimentaires des populations et pour une conservation et utilisation durables de la diversité des variétés de niébé, il faudra pour compléter cette étude :

- mesurer l'ampleur de l'influence des pratiques traditionnelles sur la diversité génétique des variétés de niébé,
- étudier le comportement des variétés locales de niébé dans des sites présentant des conditions agro-écologiques différents, afin de comprendre l'interaction génotype-environnement et mieux les évaluer pour les traits phénotypiques ou agronomiques quantitatifs qui sont fortement influencés par le milieu,
- envisager l'exploitation du potentiel de résistance des variétés aux stress biotiques et abiotiques,
- élaborer un catalogue de variétés de niébé pour soutenir le répertoire et faciliter les identifications.

RÉFÉRENCES BIBLIOGRAPHIQUES

Adetiloye I.S., Ariyo O.J., Alake C.O., Oduwaye O.O., Osewa S.O., 2013. Genetic diversity of some selected Nigerian cowpea using simple sequence repeats (SSR) marker. *Afr. J. Agric. Res.* 8(7): 586-590.

Adipala E., Nampala P., Karugi J., Isubikalu P., 2000. A review on options for management of cowpea pests: Experiences from Uganda. *Biomed. Life Sci. Integrat. Pest Manage. Rev.* 5(3): 185-196.

Adoukonou-Sagbadja H., Dansi A., Vodouhè R., Akpagana K., 2006. Indigenous knowledge and traditional conservation of fonio millet (*Digitaria exilis, Digitaria iburua*) in Togo. *Biodivers. Conserv.* 15, 2379-2395.

Afidegnon D., 1999. *Les mangroves et les formations associées du Sud-Est du Togo : Analyse éco-floristique et cartographie par télédétection spatiale*. Thèse de doctorat, Univ. Benin (Togo), Pp 237.

Agre A.P., Kouchade S., Odjo T., Dansi M., Nzobadila B., Assogba P., Dansi A., Akoegninou A., Sanni A., 2015. Diversité et évaluation participative des cultivars du manioc (*Manihot esculenta* Crantz) au Centre Bénin. *Int. J. Biol. Chem. Sci.* 9(1): 388-408.

Ajibade S.R., Weeden N.F., Chite S.M., 2000. Inter simple sequence repeat analysis of genetic relationships in the genus Vigna. *Euphytica* 111: 47-55.

Akpagana K., 2006. Savoirs locaux et gestion de la biodiversité : habitudes alimentaires et utilisation des plantes alimentaires mineures ou menacées de disparition au Togo. Rapport année III, projet CRDI n° 101517, 101.

Akpavi S., Banoin M., Batawila K., Vodouhe R., Akpagana K., 2007. Stratégies paysannes de conservation de quelques ressources phytogénétiques dans le moyen-mono au Togo. *Agro. Afric.* 19(3): 337-349.

Akpavi S., Chango A., Tozo K., Amouzou K., Batawila K., Wala K., Gbogbo A., Kanda M., Kossi-Titrikou K., Dantsey-Barry H., Talleux L., Butaré I., Bouchet P., Akpagana K., 2008. Valeur nutrition/santé de quelques espèces de légumineuses alimentaires au Togo, *Acta. Bot. Gallica* 155(3): 403-414.

Akpavi S., Wala K., Gbogbo K.A., Odah K., Woegan A., Batawila K., Dourma M., Pereki H., Butare I., De Foucault B., Akpagana K., 2012. Distribution spatiale des plantes alimentaires mineures ou menacées de disparition au Togo : un indicateur de l'ampleur de leur menace. *Acta Bot. Gallica* 159(4): 411-432.

Akpavi S., Wala K., Gbogbo K.A., Odah K., Woegan A., Batawila K., Dourma M., Pereki H., Butare I., De Foucault B., Akpagana K., 2013. Distribution spatiale des plantes alimentaires mineures ou menacées de disparition au Togo : un indicateur de l'ampleur de leur menace. *Acta Bot. Gallica* 159 (4): 411-432.

Alene A.D., Coulibaly, O., Abdoulaye T., 2012. The world cowpea and soybean economies: Facts, trends, and outlook. Lilongwe, Malawi: Institut International d'Agriculture Tropicale.

Ali Z.B., Yao K.N., Odeny D.A., Kyalo M., Skilton R., Eltahir I.M., 2015. Assessing the genetic diversity of cowpea [*Vigna unguiculata* (L.) Walp.] accessions from Sudan using simple sequence repeat (SSR) markers. *Afric J. Plant Sci.* 9(7): 293-304.

Altieri M. A., Merrick L. C., 1987. In situ conservation of crop genetic resources through maintenance of traditional farming systems. *Econ. Bot.* 4: 86-96.

Alzouma I., 1987. *Reproduction et développement de Bruchidius atrolineatus (Pic.) (Coleoptera: Bruchidae) aux dépens des cultures de Vigna unguiculata (L.) Walp. (Légumineuse: Papilionacée) dans un agrosystème sahélien au Niger*. Thèse de doctorat, Univ. Tours, Pp 162.

Andargie M., Pasquet R. S., Gowda B. S., Muluvi G. M., Timko M.P., 2011. Construction of a SSR-based genetic map and identification of QTL for domestication traits using recombinant inbred lines from a cross between wild and cultivated cowpea (*V. unguiculata* (L.) Walp.). *Mol. Breed.* 28: 413-420.

Arroyo M.T.K., 1981. Breeding system and pollination biology in Leguminosae. *In* : Polhill R.M., Raven P.H., eds., *Advances in Legume systematics*, Part 2. Royal Botanic Gardens, Kew: 723-769.

Asante S., Tamo M. and Jackai L. (2001). Integrated management of cowpea insect pests using elite cultivars, date of planting and minimum insecticide application. *Afr. Crop Sci. J.* 9(4): 655-665.

Asare A.T., Gowda B.S., Galyuon K.A., Aboagye L.L., Takrama J.F. and Timko M.P., 2010. Assessment of the genetic diversity in cowpea [*Vigna unguiculata* (L.) Walp.] germplasm from Ghana using simple sequence repeat markers. *Plant Genet. Resour.* 8(2): 142-150.

Aziadekey M., Atayi A., Odah K., Magamana A.E., 2014. Etude de l'influence du stress hydrique sur deux lignées de niébé. *Europ. Sci. J.* 10: 1857-7431.

Ba F.S., Pasquet R.S., Gepts P., 2004. Genetic diversity in cowpea [*Vigna unguiculata* (L.) Walp.] as revealed by RAPD markers. *Genet. Resour. Crop Evol.* 51: 539-550.

Baco M.N., Ahanchede A., Bello S., Dansi A., Vodouhe R., Biaou G., Lescure J.P., 2008. Evaluation des pratiques de gestion de la diversité du niébé (*Vigna unguiculata*) : une tentative méthodologique expérimentée au Bénin. *Cah. Agric.* 17 (2): 183-188.

Badiane F.A., Gowda B.S., Cisse N., Diouf D., Sadio O., Timko M.P., 2012. Genetic relationship of cowpea (*Vigna unguiculata*) varieties from Senegal based on SSR markers. *Genet. Mol. Res.* 11 (1): 292-304.

Badiane F.A., Diouf D., Sane D., Diouf O., Goudiaby V., Diallo N., 2004. Screening cowpea (*Vigna unguiculata* (L.) Walp.) varieties by inducing water deficit and RAPD analyses. *Afr. J. Biotechnol.* 3: 174-178.

Barnaud A, 2007. *Savoirs, pratiques et dynamiques de la diversité génétique : le sorgho (Sorghum bicolor ssp. bicolor) chez les Duupa du nord Cameroun*. Univ. Montpellier II (France), Doctorat, Pp 230.

Bationo A., Christianson C.B., Baethgen W.E., 1990. Plant density and nitrogen fertilizer effects on pearl Millet production in a sandy soil in Niger. *Agro. J.* 82: 290-295.

Baudoin J.P., Demol J., Louant B.P., Maréchal R., Otoul E., 2002. Amélioration des plantes. Application aux principales espèces cultivées en régions tropicales. *In* : *Les presses agronomiques de Gembloux*, Pp 581.

Berg E.E., Hamrick J.L., 1997. Quantification of genetic diversity at allozyme loci. *Can. J. Res.* 27: 415-424.

Botstein D., White R.L., Skolnick M., Davis R.W., 1980. Construction of a genetic linkage map in man using restriction fragment length polymorphisms. *Am. J. Hum. Genet.* 32:314-331.

Boye M.A.D., Kouassi N.J., Soko D.F., Ballo E.K., Tonessia D.C., Seu J.G., Ayolie K., Koffi N.B.C., Yapi S.E.S., Kouadio Y.J., 2016. Evaluation des composantes du rendement de 16 variétés de niébé (*Vigna unguiculata* (L.) Walp, Fabaceae) en provenance de quatre régions de la Côte d'Ivoire. *Int. J. Innov. Sci. Res.* 25(2): 628-636.

Campiche J., Holcomb R. B. and Ward C. E., 2004. *Impacts of consumer characteristics and perceptions on willingness to pay for natural beef in the southern plains*. Oklahoma Food and Agricultural Products Research and Technology Centre. Oklahoma State University.

Chevalier A., 1944. Le dolique de Chine en Afrique, son histoire, ses affinités, les formes sauvages et cultivées. Son rôle dans l'alimentation indigène et en agriculture tropicale et sub-tropicale. *Rev. Bot. Appl. Agric. Trop.* 24: 128-152.

Craufurd P.Q., Summerfield R.J., Ellis R.H., Roberts E.H., 1997. Photoperiod, temperature, and the growth and development of cowpea, *Vigna unguiculata* (L.) Walp. *In* : *Advances in cowpea research*. B.B. Singh *et al.* (eds.), Ibadan, Nigeria, IITA-IRCAS, Pp 75-86.

Christinck A, Vom Brocke K, Kshirsagar K.G, Weltzien E, Bramel-Cox P.J, 2000. Participatory methods for collecting germplasm : experiences with famers of Rajasthan, India. *Plant Resour. Newsl.* 121: 1-9.

Cissé N., Hall A. E., 2004. La culture traditionnelle du niébé au Sénégal. Etude de cas http://www.fao.org/ag/AGP/agpc/doc/publicat/cowpea_cisse/cowpeacissef.htm.

Cobbinah F.A, Addo-Quaye A.A., Asante I.K., 2011. Characterization, Evaluation and Selection of Cowpea (*Vigna unguiculata (L.) Walp.*) accessions with desirable traits from eight regions of Ghana. *J. Agr. Biol. Sci.* 6(7): 21-32.

Coulibaly S., Pasquet R.S., Papa R., Gepts P., 2002. AFLP analysis of the phenotype organization and genetic diversity of *Vigna unguiculata* L. Walp. reveals extensive gene flow between wild and domesticated types. *Theor. Appl. Genet.* 104: 358-366.

Craufurd P.Q., Summerfield R.J., Ellis R.H., Roberts E.H., 1997. Photoperiod, temperature and advances in cowpea research. *In*: Advances in cowpea research. Singh B.B., Mohan Raj D.R., Dashiell K.E., Jackai L.E.N. (eds), Copublication of Inetrnational Institute of Tropical Agriculture (IITA) and Japan International Research Center for Agricultural Science (JIRCAS), Pp 75-86.

Craufurd P.Q.M., Summerfied E. R. H., Menin L., 2013. Development in Cowpea *Vigna unguiculata*. *In*: The influence of temperature on seed germination and seedling emergence. *Exp. Agric.* 32:5-12.

Dabire L.C.B., 2001. Etude de quelques paramètres biologiques et écologiques de Clavigralla tomentosicollis Stäl., (Hemiptera : Coreidae), punaise suceuse des gousses de niébé [Vigna unguiculata (L.) Walp.] dans une perspective de lutte durable contre l'insecte au Burkina Faso. Thèse de Doctorat d'Etat ès-Sciences Naturelles. Université de Cocody, UFR Biosciences, Pp 179.

Dagba E., Remy M., 1990. Milieu et port du niébé, *Vigna unguiculata* (L.) Walp. *Rev. Cytol. Biol. Veget. Bot.* 13: 5-45.

Dansi A, Adoukonou-Sagbadja H, Vodouhè R, 2010. Diversity, conservation and related wild species of Fonio millet (*Digitaria spp*) in the northwest of Benin. *Genet. Resour. Crop Evol.* 57(6): 827-839.

Dansi A., Adjatin A., Adoukonou-Sagbadja H., Falade V., Yedomonhan H., Odou D., Dossou B., 2008. Traditional leafy vegetables and their use in the Benin Republic, *Genet. Resour. Crop Evol.* 55: 1239-1256.

Dansi A., Dantsey-Barry H., Dossou-Aminon I., Kpenu E. K., Agré A. P., Sunu Y. D., Kombaté K., Loko Y. L., Dansi M. Assogba P., 2013. Varietal diversity and genetic erosion of cultivated yams (Dioscorea cayenensis Poir-D. rotundata Lam complex and D. alata L.) in Togo, *Int. J. Biodivers. Conser.* 5(4): 223-239.

Depeiges A., Goubely C., Lenoir A., Cocherel S., Picard G., Raynal M., Grellet F., Delseny M., 1995. Identification of the most represented repeat motif in *Arabidopsis thaliana* microsatellite loci. *Theor. Appl. Genet.* 91: 160-168.

Deu M., Sagnard F., Chantereau J., Calatayud C., Hérault D., Mariac C., Pham J.L., Vigouroux Y., Kapran I., Traoré P.S., Mamadou A., Gérard B., Ndjeunga J., Bezançon G., *2008*. Niger-wide assessment of in situ sorghum genetic diversity with microsatellite markers. *Theor. Appl. Genet.* 116: 903-916.

DGSCN, 2011. Recensement général de la population et de l'habitat.

Dijkhuizen A., Kennard W.C., Havey M. J., Staub J.E., 1996. RFLP variability and genetic relationships in cultivated cucumber. *Euphytica* 90: 79-89.

Diouf D., Hilu K.W., 2005. Microsatellites and RAPD markers to study genetic relationship among cowpea breeding lines and local varieties in Senegal. *Genet. Res. Crop Evol.* 52: 1057-1067.

Djagoundi M., 2004. *Effet de l'utilisation de l'urine humaine hygiénisée sur les cultures amraîchères, les propriétés du sol et la qualité des produits récoltés : cas de la culture de laitue, de chou pommé et de la tomate*. Mémoire d'ingénieur agronome, ESA, Univ. Lomé, Pp 47.

Dje Y., Heuertz M., Lefebvre C., Vekemans X. 2000. Assessment of genetic diversity within and among germplasm accessions in cultivated sorghum using microsatellite markers. *Theor. Appl. Genet.* 100: 918-925.

Doumbia I.Z., Akromah R., Asibuo J.Y., 2013. Comparative Study of Cowpea germplasms diversity from Ghana and Mali using morphological characteristics. *J. Plant Breed. Genet.* 1(3): 139-147.

Drabo I., Ladeinde T.A.O., Redden R., Smithson J.B., Aggarwal V.D., 1984. Inhéritance of seed size in cowpea (*Vigna unguiculata* L. Walp.). *Field Crops Res.* 11: 335-344.

DSID, 2005. Caractéristiques structurales de l'agriculture togolaise. Rapport principal, Direction de la Statistique, Lomé (Togo).

Duc G., Shiying B., Michael B., Bob R., Sadiki M., Jose M., Vishniakova M., 2010. Diversity maintenance and use of *Vicia faba* L. genetic resources. *Field Crops Res.* 53: 99-109.

Dugje, I.Y., Omoigui L.O., Ekeleme F., Kamara A.Y., Ajeigbe H., 2009. *Production du niébé en Afrique de l'Ouest: Guide du paysan*. IITA, Ibadan, Nigeria, Pp 20.

Egbadzor K. F., Yeboah M., Offei S. K., Ofori K. and Danquah E. Y., 2013. Farmers' key production constraints and traits desired in cowpea in Ghana. *J. Agric. Ext. Rur. Dev.* 5(1): 14-20.

Ehlers J.D., Hall A.E., 2007. Cowpea (*Vigna unguiculata* L. Walp.). *Field Crops Res.* 53: 187-204.

Ehlers J.D., Hall A.E., 1996. Genotypic classification of cowpea based on responses to heat and photoperiod. *Crop Sci.*, 36: 673-679.

Ehlers J.D., 1994. Field crops research correlation of performance of sole-crop and intercrop cowpeas with and without protection from insect pests. *Field Crops Res.* 36: 133-143.

Ern, H., 1979. Die Vegetation Togos. Gliederung, Gefährdung, Erhaltung. *Willdenowia* 295-312.

Fang J.G., Chao C.T., Roberts P.A, Ehlers J.D., 2007. Genetic diversity of cowpea [*Vigna unguiculata* (L.) Walp.] in four West African and USA breeding programs as determined by AFLP analysis. *Genet. Resour. Crop Evol.* 54 (6): 1197-1209.

FAO, 2017. Production Data 2014.//hpp.www.fao.org.

FAOSTAT, 2015. Food and Agricultural Organization Databases. Available production data for year 2013.

Fatokun C.A., Ogunkanmi A., Ogundipe O.T., Ng N.Q., 2008. Genetic diversity in wild relatives of cowpea (*Vigna unguiculata*) as revealed by simple sequence repeats (SSR) markers. *J. Food Agric. Environ.* 6(3&4): 263-268.

Faris D.G., 1963. Evidence for the West African origin of Vigna sinensis (L.) Savi. PhD thesis, Univ. California. Pp 183.

Fery R.L., 1985. The genetics of cowpea: a review of the world literature. *In: Cowpea research, productionand utilization*, Singh S.R., Rachie K.O. (eds.). NewYork, Etats-Unis, Wiley, 25-62.

Flowers T.J., Yeo R., 1995. Breeding for salinity resistance in crop plants: where next? *Aust. J. Plant Physiol.*, 22: 875-884.

Frankham, R., Briscoe D.A., Ballou J.D., 2002. *Introduction to conservation genetics.* Cambridge University Press. New York, USA.

Gasura E., and Mukasa S. B., 2010. Prevalence and implications of sweet potato recovery from sweet potato virus disease in Uganda. *Afr. Crop Sci. J.* 18.

Gbaguidi A.A., Assogba P., Dansi M., Yedomonhan H., Dansi A., 2015. Caractérisation agromorphologique des variétés de niébé cultivées au Bénin. *Int. J. Biol. Chem. Sci.* 9(2): 1050-1066.

Gbaguidi A.A, Dansi A, Loko L.Y, Dansi M, Sanni A, 2013. Diversity and agronomic performances of the cowpea (Vigna unguiculata Walp.) landraces in Southern Benin. *Int. Res. J. Agric. Sci. Soil Sci.* 3(4): 121-133.

Gepts P., Beavis W.D., Brummer E.C., Shoemaker R.C., Stalker H.T., Weeden N.F., Young N.D., 2005. Legumes as a Model Plant Family. Genomics for Food and Feed Report of the Cross-Legume Advances through Genomics Conference. *Plant Physiol.* 137: 1228-1235

Ghalmi N., 2011. *Etude de la diversité génétique de quelques écotypes locaux de Vigna unguiculata (L.) Walp. cultivés en Algérie*. Thèse de Doctorat: Sciences Agronomiques. Ecole Nationale Supérieure Agronomique, Pp 149.

Ghalmi N., Malice M., Jacquemin J.M., Ounane S.M., Mekliche L., Baudoin J.P., 2009. Morphological and molecular diversity within Algerian cowpea (*Vigna unguiculata* (L.) Walp.) landraces. *Genet. Resour. Crop Evol.* 57: 371-386.

Ghebru B. G., Schmidt R. S., Bennetzen J. B., 2002. Genetic diversity of Eritrean sorghum landraces assessed with simple sequence repeat (SSR) markers. *Theor. Appl. Genet.* 105: 229-236.

Ghosh S., Shivanna K.R., 1982. Anatomical and cytochemical studies on the stigma and style in some legumes. *Bot. Gaz.* 143: 311-318.

Glato K., 2016. *Gestion paysanne et structuration de la diversité génétique et agromorphologique de la patate douce cultivée (Ipoméa batatas (Lam.)) en Afrique de l'Ouest, à partir des accessions du Togo et du Sénégal*, Univ. Lomé (Togo), Doct. Pp 160.

Glitho I.A., 1990. *Les bruchidae ravageurs de Vigna unguiculata (L.) Walp. en zone Guinéenne : Analyse de la diapause chez les mâles de Bruchidius atrolineatus (Pic.)*. Thèse de doctorat, Univ. Tours, Pp 100.

Gray J.S., McIntyre A.D., Stirn J., 1992. Manuel des méthodes de recherche sur l'environnement aquatique. Onzième partie. Evaluation biologique de la pollution marine, eu égard en particulier au benthos. *FAO Document technique sur les pêches, N° 324*, 53.

Hall A.E., Ismail A.M., Ehlers J.D., Marfo K.O., Cisse N., Thiaw S., Close T.J., 2002. Breeding cowpea for tolerance to temperature extremes and adaptation to drought. In : *Challenges and Opportunities for Enhancing Sustainable Cowpea Production Proceedings of the World*. Fatokun C.A., Tarawali S.A., Singh B.B., Kormawa P.M., Tamò M. (eds.). Cowpea Conference III, 4-8 September 2000 Ibadan, Nigeria, IITA, Ibadan, Nigeria, 14-21.

Hamrick J.L., Godt J.W., 1997. Allozyme diversity in cultivated crops. *Crop Sci.* 37: 26-30.

Hejjaoui K., 2013. *Caractérisation génétique des populations locales de Vicia faba L. par la technique des SSR*. Diplôme de Master Sciences et Techniques, Univ. Sidi Mohamed Ben Abdellah (Maroc), Pp 79.

Houinsou F.R.L., Adjou S.E., Ahoussi E.D., Sohounhloue C.K.D., Soumanou M.M., 2014. Bioactivity of essential oil from fresh leaves of Lantana camara against fungi isolated from stored cowpea in southern Benin. *Int. J. Biosci.* 5(1): 365-372.

Ibeawuchi I.I., 2007. Intercropping - A food production strategy for resource poor farmers. *Nat. Sci.* 5(1): 46-59.

Ibitoye D.O., 2015. *Genetic analysis of drought tolerance in cowpea [Vigna unguiculata (L.) Walp.]*, Thesis, Université of Legon, Ghana, Pp 255.

IBPGR, 1983. Descriptors for Cowpea. International Board for Plant Genetic Resources: Rome, Italy, 34.

Ishiyaku M.F., Singh B.B., Craufurd P.Q., 2005. Inheritance of time to flowering in cowpea (*Vigna unguiculata* (L.) Walp.). *Euphytica* 142(3): 291-300.

Jackai L. 1986. Insect Pests of Cowpeas. *Ann. Rev. Entomol.* 31:95-119.

Jarvis D. I., Myer L., Klemick H., Guarino L., Smale M., Brown A. H. D., Sadiki M., Sthapit B. et Hodgkin T., 2000. A Training Guide for In Situ Conservation On-farm. Version 1. *Int. Plant Genet. Resour. Instit.* Rome, Italy, Pp. 189.

Karungi J., Adipala E., Kyamanywa S., Ogenga-Latigo M.W., Oyobo N., Jackai L.E.N., 2000. Pest management in cowpea. Part1. Influence of time of planting and plant density in the management of field insect pest of cowpea in eastern Uganda. *Crop Prot.* 19: 237-245.

Kermer A., 1998. Les marqueurs moléculaires en génétique des populations. In : *Les marqueurs moléculaires en génétique et biotechnologies végétales*. De Vienne (ed). Paris, France, INRA, Pp 200.

Khan A., Bari A., Khan S., Shan N. H., Zada I., 2010. Performance of cowpea genotypes at higher altitude of NWFP. *Pak. J. Bot.* 42(4): 2291-2296.

Klitgaard B.B., Bruneau A., 2003. Advances in Legume Systematics. Part 10. Higher Level Systematics. Kew (UK): Royal Botanic Gardens, Pp 422.

Kombo G. R., Dansi A., Loko L. Y., Orkwor G. C., Vodouhè R., Assogba P. et Magema J. M., 2012. Diversity of cassava (*Manihot esculenta* Crantz) cultivars and its management in the department of Bouenza in the Republic of Congo. *Genet. Resour. Crop Evol.* 59(8): 1789-1803.

Kongjaimun A., Kaga A., Tomooka N., Somta P., Shimizu T., Shu Y., 2012. An SSR-based linkage map of yardlong bean (*Vigna unguiculata* (L.) Walp. subsp. *Unguiculata Sesquipedalis* Group) and QTL analysis of pod length. *Genome* 55(2):81-92.

Kouakou C.K., Roy-Macauley H., Gueye M.C., Otto M.C., Rami J-F., Cissé N., Pasquet R.S., 2007. Diversité génétique des variétés traditionnelles de niébé [*Vigna unguiculata* (L) Walp.] au Sénégal : étude préliminaire. *Plant Genet. Res. Newsl.* 152:33-44.

Kpatinvoh B., Adjou E.S., Dahouenon-Ahoussi E., Konfo T.R.C., Atrevy C., Sohounhloue D., 2016. Problématique de la conservation du niébé (*Vigna unguiculata* (L.) Walp) en Afrique de l'Ouest : étude préliminaire et approche de solution. *J. Anim. Plant Sci.* 31(1): 4831-4842.

Lacape J.M., Nguyen T.B., Courtois B., Belot J.L., Giband M., Gourlot J.P., Gawryziak G., Roques S., Hau B. 2005. QTL analysis of cotton fiber quality using multiple *Gossipium hirsutum* x *Gossypium barbadense* backcross generations. *Crop Sci.* 45: 123-140.

Langyintuo A. S., Ntoukam G., Murdock L., Lowenberg-DeBoer J., 2004. Consumer

preferences for cowpea in Cameroon and Ghana. *Agric. Econ.* 30: 203-213.
Lee J.R., Back H.J., Yoon M.S., Park S.K., Cho Y.H. and Kim C.Y., 2009. Analysis of genetic diversity of cowpea landraces from Korea determined by Simple Sequence Repeat and establishment of a core collection. *Korean J. Breed. Sci.* 41(4): 1190-1199.
Lenne J.M., Wood D., 2011. Utilization of crop diversity for food security. In "*Agrobiodiversity management for food security: A critical review*", Lenne J. M. and Wood D. (eds), London: 64-86.
Lewis, G., Schrire, B., Mackinder, B., Lock, M. (Eds.), 2005. Legumes of the World. Royal Botanic Gardens, Kew.
Li C.D., Fatokun C.A., Ubi B., Singh B.B., Scoles G.J., 2001. Determining genetic similarities and relationships among cowpea breeding lines and cultivars by microsatellite markers. *Crop Sci.* 41 (1): 189-197.
Linné C., 1763. Species plantarum, ed. 2, 2: 785-1684.
Loko, Y.L., Dansi, A., Linsoussi, C., Assogba, P., Dansi, M., Vodouhè, R., Akoegninou, A., Sanni, A., 2013. Current status and spatial analysis of Guinea yam (*Dioscorea cayenensis* Lam.-*D. rotundata* Poir. complex) diversity in Benin. *Int. Res. J. Agric. Sci. Soil Sci.* 3, 219–238.
Lopes F.C., Gomes R.L.F., Filho F.R.F., 2003. Genetic control of cowpea seed sizes. *Sci. Agric.* 60(2): 315-318.
Lush W.M., Evans L.T., 1981. The domestication and improvement of cowpeas, *Vigna unguiculata* (L.) Walp. *Euphytica* 30: 579-587.
Madamba R., Grubben G. J.H., Asante I.K., Akromah R., 2006. *Vigna unguiculata* (L.) Walp. In: Brink M., Belay G. (eds.) CTA, Wageningen, Pays-Bas, 250-259.
MAEP, 2007. Deuxième rapport sur l'état des ressources phytogénétiques pour l'alimentation et l'agriculture au Togo, Pp 64.
MAEP, 2013. Aperçu général de l'agriculture togolaise à travers le pré-recensement. Vol. I.
Makoi J.H.J.R., Belane A.K., Chimphango S.B.M. and Dakora F.D., 2010. Seed flavonoids and anthocyanins as markers of enhanced plant defence innodulated cowpea (*Vigna unguiculata* L. Walp.). *Field Crops Res.* 118: 21-27.
Manfoumbi-Mounguengui R., 2000. *Evaluation des génotypes de Niébé (Vigna unguiculata* (L) Walp) *pour la Résistance aux Thrips (Megalurothrips sjostedti)*. Mémoire de Fin d'Etudes Pour l'obtention du Diplôme d'ingénieur des Travaux Agricoles : Agriculture. ENCR-Bambey, Pp 44.
Marechal R., Mascherpa J.M., Stainer F., 1978. Etude taxonomique d'un group complexe d'espèces des genres *Phaseolus* et *Vigna* (Papillionaceae) sur la base de données morphologique et pollinique traitées par l'analyse informatique. *Boissiera* 28: 1-273.
Masvodza D. R., Mazhude N., Musango R., 2014. Préliminary genetic diversity analysis of introduced and local Zimbabwe cowpea landraces. *Afr. J. Agric. Res.* 9(49): 3571-3580.
Mazza M., Ekumankame O.O., Onyenobi V.O., Kanu R. U., Nwaigwe G.O., 2012. Socio-Economic determinants of the Productivity of Fadama Users: A case of

Second National Fadama Development Project in Imo State, Nigeria. *Int. J. Appl. Res. Technol.* 1(2): 59-67.

Mekbib, F., Bjoslash, A., Sperling, L., Synnevaring, G., and others (2009). Factors shaping on-farm genetic resources of sorghum (*Sorghum bicolor* (L.) Moench) in the centre of diversity. *Ethiopian. Int. J. Biodivers. Conserv.* 1, 45–59.

Menendez C.M., Hall A.E., Gepts P., 1997. A genetic linkage map of cowpea (*Vigna unguiculata*) developed from a cross between two inbreed, domesticated lines. *Theor. Appl. Genet.* 95:1210-1217.

MERF, 2011. Plan d'action forestier national du Togo - phase 1 (PAFN1-Togo) 2011-2019.

Mhiri C., Grandbastien M.A., 2004. *Eléments transposables et analyse de la biodiversité végétale. In* : La Génomique en Biologie Végétale. Morot-Gaudry J.F., Briat J.F. (eds). Institut Nationale de la Recherche Agronomique (INRA) ; Paris, France, 377-401.

Mishili F. J., Fulton J., Shehu M., Kushwaha S., Marfo K., Jamal M., Chergna A. and Lowenberg-DeBoer J. 2007. Consumer preferences for quality characteristics along the cowpea value chain in Nigeria, Ghana and Mali. Working pp.06-17, January, Dept. of Agricultural Economics Purdue University.

Missihoun A.A., Agbangla C., Adoukonou-Sagbadja H., Ahanhanzo C., Vodouhè R., 2012. Gestion traditionnelle et statut des ressources génétiques du sorgho (*Sorghum bicolor* L. Moench) au Nord-Ouest du Bénin. *Int. J. Biol. Chem. Sci.* 6(3): *1003-1018*.

Molosiwa O.O., Gwafila C., Makore J., Chite S.M., 2016. Phenotypic variation in cowpea (*Vigna unguiculata* [L.] Walp.) germplasm collection from Botswana. *Int. J. Biodiv. Conserv.* 8(7): 153-163.

Mone R., 2008. *Distribution et abondance des populations de Maruca virtrata fab. (Lépidoptère pyralidae), foreuse des gousses du niébé (Vigna unguiculata (L.) Walp.) en relation avec les plantes hôtes en zone Sud Soudanienne du Burkina Faso.* Mémoire d'ingénieur agronome. Université polytechnique de Bobo-Dioulasso (Burkina Faso), Pp 62.

Morgante M., Rafalski J.A., Biddle P., Tingey S. Olivieri A.M., 1994. Genetic mapping and variability of seven soybean simple sequence repeat loci. *Genome*, 37:763-769.

Mortimore M.J., Singh B.B., Harris F., Blade S.F., 1997. Cowpea in traditional cropping systems. *In*: *Advances in cowpea research*. Singh B.B., Mohan Raj D.R., Dashiel K.E. and L.E.N. Jackai (eds.). Co-publication of International Institute of Tropical. Agriculture (IITA) and Japan International Research Center for Agricultural Sciences (JIRCAS), Ibadan, Nigeria. 99-113.

Muchero W., Diop N.N., Prasanna R., Bhat P.R., Fenton R.D., Wanamaker S., Pottorff M., Hearne S., Cisse N., Fatokun C., Ehlers J.D., Roberts P. A., and Timothy C.T.J. 2009. A consensus genetic map of cowpea [*Vigna unguiculata* (L) Walp.] and synteny based on EST-derived SNPs. *Proc. Nat. Acad. Sci. USA*, 106(43): 18159-18164.

Muleba N., Dabire C., Suh J.B., Drabo I., Ouédraogo J.T., 1997. Technologies for cowpea production based on genetic and environnemental manipulations in the semi-arid Topics. *Technology options for susbainable agriculture in Sub Saharan Africa, OAU/STRC-SAF GRAD,* 195-206.

Mulongoy K. 1985. Nitrogen-fixing symbiosis and tropical ecosystems. *In*: *cowpea research, production and utilization*. Singh S.R., Rachie K.O. (eds) USA, New York Wiley, 289-295.

Mundua J. 2010. *Estimation of consumer preferences for cowpea varieties in Kumi and Soroti Districts, Uganda*. Master of Science degree in agricultural and applied economics, Univ. Makerere, Pp. 81.

Nacoulma-Ouedraogo, 1996. *Les pratiques médicinales et les pratiques médicales du Burkina Faso, cas du plateau central*. Thèse de doctorat: Sciences Naturelles, Univ. Ouagadougou, Burkina Faso, Pp 259.

Nadjiam D., Doyam A.N., Bedingam L.D., 2015. Etude de la variabilité agromorphologique de quarante-cinq cultivars locaux de niébé [*Vigna unguiculata*, (L.)Walp.] de la zone soudanienne du Tchad. *Afr. Sci.* 11(3): 138-151.

Nei M., 1973. Analysis of gene diversity in subdivided populations. *Proc Nat. Acad. Sci. USA* 70 (12): 3321-3323.

Nei M., 1987. Molecular evolutionary genetics. Columbia University Press, New York. USA, Pp. 52.

Ng N.Q., Padulosi S., 1991. Cowpea genepool distribution and crop improvement. *In*: *crop genetic resources of Africa*. Vol II., Ng N.Q., Perrino P., Attere F., Zeden H (eds). IITA, CNR, IBPGR and UNEP. IITA, Ibadan, Nigeria, 161-174.

Ng N.Q., Marechal R., 1985. Cowpea taxonomy, origin and germaplasm. : *Cowpea genetic Ressources*. Shing S. E., Rachie K. O. Ed. IITA, Ibadan, Nigeria, 11-21.

Niba S.A., 2011. Arthropod assemblage dynamics on cowpea (*Vigna unguiculata* L. Walp) in a subtropical agro-ecosystem, South Affric. *Afr. J. Res.* 6 (4): 1009-1015.

Nielsen C.L., Hall A.E., 1985. Responses of cowpea (*Vigna unguiculata* (L.) Walp.) in the field to high night air temperature during flowering, thermal regimes of production regions and field experimental system. *Field Crops Res.* 10: 167-179.

Nkongolo K.K., 2003. Genetic characterization of Malawian cowpea (*Vigna unguiculata* (L.) Walp.) landrace : diversity and gene flow among accessions. *Euphytica*, 129: 219-228.

Nkouannessi M., 2005. *The genetic, morphological and physiological evaluation of African cowpea genotypes*. Thesis on Plant Breeding, University of the Free State, Bloemfontein, Germany, Pp. 131.

Ogunkanmi L.A., Ogundipe O.T., Ng N.Q. and Fatokun C.A., 2008. Genetic diversity in wild relatives of cowpea (*Vigna unguiculata*) as revealed by simple sequence repeats (SSR) marquers. *J. Food Agric. Environ.* 6: 263-268.

Okafor F.C., Andrew G.O., 1994. Rural Systems and Land Resources Evaluation for Africa. *Benin: The Benin Social Series for Africa*, Pp 75-86.

Orobiyi A., Dansi A., Assogba P., Loko L.Y., Dansi M., Vodouhè R., Akouègninou A., Sanni A., 2013. Chili (*Capsicum annuum* L.) in southern Benin: production constraints, varietal diversity, preference criteria and participatory evaluation, *Int. Res. J. Agric. Sci. Soil Sci.* 3(4): 107-120.

Ouedraogo J.T., Sawadogo M., Tignegre J. B., Drabo I., Balma D., 2010. Caractérisation agromorphologique et moléculaire de cultivars locaux de niébé (*Vigna unguiculata*) du Burkina Faso. *Camr. J. Exp. Biol.* 6(1):31-40.

Ouedraogo N., Zida E.P., Ouedraogo M., Sawadogo N., Ouoba A., Ouedraogo M.H., Nangkangre H., Sawadogo M., 2016. Evaluation of genetic diversity of cultivated and spontaneous accessions of cowpea (*Vigna unguiculata* Walp) in Burkina Faso. *Int. J. Res. Biosci.* 5(3): 13-24.

Ouedraogo S., 2000. *Evaluation économique de l'impact des variétés améliorées du niébé sur le revenu des exploitants agricoles du plateau central du Burkina Faso*, INERA/ Farako-Bâ, Pp. 16.

Padulosi S., 1993. Genetic diversity, taxonomy and ecogeographic survey of the wild relatives of cowpea (*Vigna unguiculata* (L.) Walp.). Ph. D. dissertation, Univ. Catholique Louvain-la-Neuve, Belgium, Pp 477.

Padulosi S., Ng N.Q., 1997. Origin, taxonomy, and morphology of *Vigna unguiculata* (L.) Walp.) *In*: *Advances in cowpea research*. Singh, B.B., D.R. Mohan Raj, K.E. Dashiell, and L.E.N. Jackai (Eds.). Co-publication of International Institute of Tropical Agriculture (IITA) and Japan International Research Center for Agricultural Sciences (JIRCAS). UTA, Ibadan, Nigeria, 1-13.

Padulosi S., Laghetti G., Pienaar B., Perrino P., 1990. Survey of wild Vigna in South Africa. IBPGR. *Plant Genet. Resour. Newsl.* 84: 5-8.

Padulosi S., Cifarelli S., Monti L., Perrino P., 1987. Cowpea germplasm in Southern Italy. FAO, IBPGR. *Plant Gent. Resour. Newsl.* 71:37.

Panella, L., Gepts P., 1992. Genetic relationships within *Vigna unguiculata* based on isozyme analysis. *Genet. Resour. Crop Evol.* 39: 71-88.

Pasquet R.S., Fotso M., 1994. Répartition des cultivars de niébé, *Vigna unguiculata* (L.) Walp., du Cameroun : influence du milieu et des facteurs humains. *J. Agric. Trad. Bota. Appl.* 36: 93-143.

Pasquet R.S., 1997. A new subspecies of *Vigna unguiculata* (Leguminoseae-Papilionoideae). *Kew Bull.*, 52(4): 838-839.

Pasquet R.S., 1998. Morphological study of cultivated cowpea *Vigna unguiculata* (L.) Walp. Importance of ovule number and definition of cv gr Melanophtalmus. *Agronomie*. 18: 61-70.

Pasquet R.S., 1999: Genetic relationship among subspecies of *Vigna unguiculata* (L.) Walp. based on allozyme variation . *Theor. Appl. Gen.* 98: 1104-1119.

Pasquet R. S., 2000. Allozyme diversity of cultivated cowpea *Vigna unguiculata* (L.) Walp., *Theor. Appl. Genet.* 101: 211-219.

Pasquet R.S., Baudoin J.P., 1997. Le niébé, *Vigna unguiculata* (L.) Walp. *In*: *L'amélioration des plantes tropicales*. Charrier A., Jacquot M., Hammon S., Nicolas D. (eds.). Cirad-Orstom, Montpellier, France, 483-505.

Pasquet R.S., Baudoin J.P., 2001. Cowpea in Tropical plant breeding. Charrier A., Jacquot M., Harmon S., Nicolas D. (eds). Centre de Coopération Internationale en Recherche Agronomique pour le Développement (CIRAD), Montpellier, France, 177-198.

Ouedraogo M., 2003. *Etude de la variabilité génétique et du flux de gènes chez des populations sauvages de Phaseolus lunatus. L. dans la vallée centrale du Costa Rica à l'aide des marqueurs enzymatiques et microsatellites*. Thèse du doctorat FSAGX, Gembloux, Belgique.

Pastil V., Sharma S., Kachare S., Dapake J., Gaikward B., 2015. Morphological characterization of cowpea genotype collected from different parts of India. *Ann. Plant Soil Res.* 17(2): 133-136.

Petit C., Zuckerkandl E., 1976. Evolution. Génétique des populations. *Evol. Mol. Hermann, Paris*, 278.

Piper C.V., 1912. Agricultural varieties of the cowpea and immediately related species. USDA, Bureau of Plant Industry. Bulletin N°229. *Washington, Government Printing Office*, 1-160.

Pungulani L.L.M., Millner J.P. Williams W.M., 2012. Screening cowpea (*Vigna unguiculata*) germplasm for canopy maintenance under water stress. *Agron. New Zealand*, 42: 23-32.

Purseglove J.W., 1976. The origin of migrations of crops in tropical Africa. *In: Origins of African plants domestication*. J. Harlan, (eds). Mounton Publishers, The Hague. Pp 291-309.

Quin F.M., 1997. The Importance of Cowpea. In *Advances in cowpea research*. Singh, B.B., Mohan Raj D.R., Dashiell K.E., Jackai L.E.N. (eds.). Copublication of International Institute of Tropical Agriculture (UTA) and Japan International Research Center for Agricultural Sciences (JIRCAS). IITA, Ibadan, Nigeria, 10-12.

Rachie K.O., 1985. Introduction. *In: cowpea research production and utilization*. Singh S. R. & Rachie K.O (eds) John wiley and sons, Chichester, London, Pp 6.

Radanielina T., 2010. *Diversité génétique du riz (Oryza sativa L.) dans la région de Vakinankaratra, Madagascar. Structuration, distribution éco-géographique et gestion in situ.* Amélioration des plantes. ENSIA (AgroParisTech), Pp 161.

Ranade R., Vaidya U.J., Kotwal S.A., Bhagwat A., Gopalakrishna T., 2000. Hybrid seed genotyping and plant varietal identification using DNA markers. In : *DAE-BRNS symposium on the use of nuclear and molecular technics in crop improvement.* 6-8 December 2000, Mumbai, India, Pp 338-345.

Rashid A., Khan R.U., Khan H., 2007. Reciprocal effect of component crops grown in mixed culture. *Pak. J. Biol.l Sci.,* 10(3): 511-513.

Rawal K.M., 1975. Natural hybridization among wild, weedy and cultivated *Vigna unguiculata* (L.) Walp. *Euphytica* 24: 699-707.

Roberts E.H., Summerfield R.J., Ellis R.H., Qi A., 1993. Adaptation of flowering in crops to climate. *Outl. Agric.* 22: 105-110.

Sambatti J. B. M., Martins P. S. et Ando A. 2001., 2001. Folk taxonomy and evolutionary dynamics of cassava: a case study in Ubatuba, Brazil, *Econ. Bot.* 55, 93-105.

Sanguinga N., Bergvinson D., 2015. Oléagineux et Niébé, *Centre international de conférences Abdou Diouf, Dakar Sénégal*, 21-23 Octobre 2015, Pp 30.

Santoni S., Faivre-Rampant P., Prado E., Prat D., 2000. Marqueurs moléculaires pour l'analyse des ressources génétiques et l'amélioration des plantes. *Cah. Agric.* 9: 311-327.

Sariah J.E., 2010. *Enhancing cowpea (Vigna unguiculata L.) Production Trough Insect Pest resistant in East Africa.* Phd. Thesis. Pp 82.

Sawadogo M., Ouedraogo J.T., Gowda B.S., Timko M. P., 2010. Genetic diversity of cowpea (*Vigna unguiculata* L. Walp.) cultivars in Burkina Faso resistant to *Striga gesnerioides*. *Afr. J. Biotechnol.* 9(48): 8146-8153.

Schut, J.W., Qi X., Stam P., 1997. Association between relationship measures based on AFLP markers, pedigree data and morphological traits in barley. *Theor. Appl. Genet.* 95: 1161-1168.

Seck D., 1992. Importance économique et développement d'une approche de lutte intégrée contre les insectes ravageurs des stocks de maïs, mil et niébé en milieu paysan. 2ème séminaire sur la lutte intégrée contre les ennemis des cultures vivrières dans le Sahel, Bamako (Mali), 2-4 janvier, 328-355.

Sène D., 1967. Détermination génétique de la précocité chez *Vigna unguiculata* (L.) Walp. *Agron. Trop.* 22(3): 309-318.

Shehzad T., Okuizumi H., Kawase M., Okuno K., 2009. Development of SSR-based sorghum [*Sorghum bicolor* (L.) Moench] diversity research set of germplasm and its evaluation by morphological traits. *Genet. Res. Crop Evol.* 56: 809-827.

Singh B.B., Ishiaku M.F., 2000. Genetics of rough seeds coat texture in Cowpea. *J. Hered.*, 91: 170-174.

Singh B.B., Singh S.R., 1992. Sélection de niébé résistant aux bruches. La recherche à l'IITA n° 5-Sept 1992, 1-5.

Singh B.B., Chambliss O.L., Sharma B., 1997. Recent advances in cowpea. *In: Advances in cowpea research*. Singh B.B., Mohan-Raj D.R., Dashiel K.E. and Jackai L.E.N. (Eds.). Co-publication of International Institute of Tropical Agriculture (IITA) and Japan International Research Center for Agricultural Sciences (JIRCAS), Ibadan, Nigeria. Pp 30-49.

Singh S.R., Van Emeden H.F., 1979. Insect pest of grain legumes. *Ann. Rev. Entomol.* 24: 255-278.

Singh S.R.., Jackai, L.E.N., 1985. Insect pest of cowpea in Africa: Their life cycle, Economic Importance and Potential for control. *In: cowpeae Research, Production and Utilisation*. Singh S.R., Rachie K.O. John Wiley & S. Chichester, Great Britain, Pp 460.

Smith J.S.C., 1986. Biochemical fingerprints of cultivars using reversed-phase high performance liquid chromatography and isozyme electrophoresis : a review. *Seed Sci. Technol.* 14: 753-768.

Soule B., 2002. Le marché du niébé dans les pays du Golfe de Guinée (Côte-d'Ivoire, Ghana, Togo, Bénin et Nigeria), Laboratoire d'Analyse Régionale et d'Expertise Sociale (LARES), Pp 31.

Steele W.M., 1976. Cowpeas, *Vigna unguiculata* (Leguminosae-Papilionatae). *In: Evolution of crop plants*. Simmonds N.W. (eds). Longmans, London, 183-185.

Stoilova T., Pereira G., 2013. Assessment of the genetic diversity in a germplasm Collection of cowpea (*Vigna unguiculata* (L.) Walp.) using morphological traits. *Afr. J. of Agric. Res.* 8 (2): 208-215.

Sulnathi G., Prasanthi L., Sekhar M.R., 2007. Character contribution to diversity in Cowpea. *Legume Res.* 30 (1): 70-72.

Tagu D., Moussard C., 2003. Principes des techniques de biologie moléculaire. INRA Editions. Mieux comprendre. INRA, Paris, Pp 176.

Tan H., Tie M., Luo Q., Zhu Y., Lai J., Li H., 2012. A review of molecular markers applied in cowpea (*Vigna unguiculata* L. Walp.) breeding. *J. Life Sci.* 6: 1190-1199.

Tarawali S.A., Singh B.B., Gupta S.C., Tabo R., Harris F., Nokoe S., Fernández-Rivera S., Bationo A., Manyong V.M., Makinde K., Odion E.C., 2002. Cowpea as a key factor for a new approach to integrated crop-livestock systems research in the dry savannas of West Africa. *In: Challenges and Opportunities for Enhancing Sustainable Cowpea Production*. Fatokun CA, Tarawali S. A., Singh B. B., Kormawa P. M., Tamo M. (eds). IITA, Ibadan, Nigeria, 233-251.

Tarawali S.A., Singh B.B., Peters M., Blade S.F., 1997. Cowpea haulms as fooder. *In: Advances in cowpea research*. Sayce Publishing, Devon, UK, 313-325.

Thrupp L. A., 2000. Linking agricultural biodiversity and food security: the valuable role of agrobiodiversity for sustainable agriculture. *Int. Aff.* 76 (2): 265-281.

Totsi N., Negri V., 2002. Efficiency of three PCR-based markers in assessing genetic variation among cowpea (*Vigna unguiculata subsp. Unguiculata*) landraces. *Genome* 45: 268-275.

Uma M.S., Hittalamani S., Murthy B.C.K., and Viswanatha K.P., 2009. Microsatellite DNA marker aided diversity analysis in cowpea [*Vigna unguiculata* (L.) Walp.]. *Indian J. Genet. Plant Breed.* 69: 35-43.

Vaillancourt R.E., Weeden N.F., 1992. Chloroplast DNA polymorphism suggest Nigerian center of domestication for cowpea, *Vigna unguiculata* (Leguminisae). *Am. J. Bot.* 79: 1194-1199.

Verdcourt, B., 1970. Studies in the Leguminosae-Papilionoideae for the flora of tropical East Africa. *Kew Bull.* 24: 507-569.

Vodenicharova M., 1989. Use of proteins as molecular-genetic markers in pants. *Genet. Sel.*, 22: 269-277.

Ward, R. D., 2000. Genetics in Fisheries management. *Hydrobiologia*, 420: 191-201.

Wathman F., 1967. Fleurs du bassin méditerranéen. VI ème édition, Paris. 56-61.

Westphal E., 1974. Pulses in Ethiopia: their taxonomy and agriculture significance. Agricultural Research Report 815. Center for Agricultural Publishing and Documentation, Wageningen, Netherlands.

Wilson C., Liu X., Lesh S.M., Suarez L., 2006. Growth response of major U.S. cowpea cultivars. I. Biomass accumulation and salt tolerance. *Hort. Sci.* 41(1): 225-230.

World Resources Institute, 2005. The Wealth of the Poor: Managing Ecosystems to Fight Poverty. World Resources Institute Washington, DC, USA.

Wright, M., Turner, M., 1999. Seed Management Systems and Effects on Diversity. In: Wood, D., Lenne´, J.M. (Eds.), Agrobiodiversity: Characterization, Utilization and Management CAB International New York, 331-354.

Xu P., Wu X.H., Wang B.G., Liu Y.H., Qin D.H., Ehlers J.D., 2010. Development and polymorphism of *Vigna unguiculata* ssp. *unguiculata* microsatellite markers used for phylogenetic analysis in asparagus bean (*Vigna unguiculata* ssp. *sesquipedialis* (L.) Verdc.). *Mol. Breed.* 25(4): 675-684.

Xu Y.H., Guan J.P., Zong X.S., 2007. Genetic diversity analysis of cowpea germplasm resources by SSR. *Acta Agron. Sinica* 33 (7): 1206-1209.

Yahaya M., 2007. Inheritance of flower colour in cowpea (*Vigna unguiculata* (L.) Walp.). *Int. J. Pure. Appl. Sci.* 1(1): 10-19.

Yewande B.A., Thomas A.O., 2015. Effects of processing methods on nutritive values of Ekuru from two cultivars of beans (*Vigna unguiculata* and *Vigna angustifoliata*). *Afr. J. Biotechnol.* 14 (21): 1790-1795.

Zakaria I., 2009. *Activité Biologique de quatre huiles essentielles contre Callosobruchus maculatus Fab. (Coleoptera : Bruchidae), insecte ravageur des stocks de niébé au Burkina Faso.* Thèse de doctorat de troisième cycle, Univ. Ouagadougou (Burkina-Faso), Pp 150.

Zannou A., Kossou D.K., Ahanchede A., Zoundjihekpon J., Agbicodo E., Struik P.C., 2008. Genetic variability of cultivated cowpea in Benin assessed by random amplified polymorphic DNA. *Afr. J. Biotechnol.* 7 (24): 4407-4414.

ANNEXES

Annexe 1 : Fiche d'enquête individuelle pour la gestion paysanne

Identité de l'enquêté

1. Quelle est la zone écologique?
○ 1.I   ○ 2.II
○ 3.III   ○ 4.IV
○ 5.V

2. quelle est votre région?
○ 1.Maritime   ○ 2.Plateaux
○ 3.Centrale   ○ 4.Kara
○ 5.Savanes

3. Quelle est la préfecture?

4. Quel est le canton?

5. Quel est le nom du village?

6. Quel est votre âge?

7. Quelle est votre ethnie?

8. Quel est votre niveau d'étude?
○ 1.Analphabète   ○ 2.Primaire
○ 3.Secondaire   ○ 4.Université

9. Vous êtes combien dans la famille?

10. Combien d'années avez-vous dans l'agriculture?

11. Quel est le nombre d'actifs agricoles?

12. Quelle est la superficie de votre champ?

13. Quel est votre sexe?
○ 1.M   ○ 2.F

Importance du niébé

14. Quelle sont vos principales cultures dans l'ordre de priorité?

15. Quelle superficie reservez-vous au niébé?

16. Quel rang occupe le niébé parmi vos cultures?
○ 1.1   ○ 2.2
○ 3.3   ○ 4.4
○ 5.5   ○ 6.6

17. Quelle est la culture qui est votre principale source de revenu?

Diversité variétale maintenue

18. Quel est le nombre de cultivars que vous avez dans votre champ?

19. Quelles sont les différentes variétés de niébé que vous avez dans votre champ?

20. Quelle est l'origine de vos variétés?
- [ ] 1.Echange
- [ ] 2.Dons
- [ ] 3.Héritage
- [ ] 4.Achat
- [ ] 5.Introduction à partir des pays voisins
- [ ] 6.Introduction par les institutions agricoles

Vous pouvez cocher plusieurs cases.

21. Quelles sont les variétés que vous cultiviez dans le temps et qu'aujourd'hui vous ne cultivez plus? Citez-les

22. Quelles sont les raisons d'abandon de ces variétés?

23. Quelles sont selon vous les caractéristiques d'une bonne variété?

Pratiques paysannes liées au maintien de la diversité variétale du niébé

24. Quelles sont les différentes techniques culturales utilisées
- ○ 1.Rotation
- ○ 2.Monoculture
- ○ 3.Association culturale
- ○ 4.Autre

25. Si 'Autre', précisez :

26. Mélangez-vous les différentes variétés lors de la culture dans le champ?
- ○ 1.Oui
- ○ 2.Non

Stockage

27. Dans quoi conservéez-vous les graines de niébé récoltées?
- [ ] 1.Sacs
- [ ] 2.Bidons
- [ ] 3.Tonneaux
- [ ] 4.Bouteilles
- [ ] 5.Grenier

Vous pouvez cocher plusieurs cases (4 au maximum).

28. Si 'Autres', précisez :

29. Comment faites-vous pour éviter la pourriture des graines stockées?

Pratiques culturelles

30. Avez-vous des variétés de niébé que vous utilisez lors des cérémonies traditionnelles (cérémonies religieuses, dot, etc)?
- ○ 1.Oui
- ○ 2.Non

31. Avez-vous des variétés de niébé que vous utilisez dans le traitement des maladies?
- ○ 1.Oui
- ○ 2.Non

32. Si 'Oui citez-les':

33. qui maintient la diversité du niébé à la ferme?
- ○ 1.Hommes
- ○ 2.Femmes
- ○ 3.Jeunes
- ○ 4.Vieux
- ○ 5.Riches
- ○ 6.Pauvres
- ○ 7.Certains groupes ethniques

Pratiques paysannes liées au renforcement de la diversité variétale du niébé

35. Dans quoi conservez-vous vos semences?

36. Avez-vous des associations de production de semences?
- ○ 1.Oui
- ○ 2.Non

37. Si 'Non, pensez-vous qu'une association est nécessaire? Pourquoi?'

Annexe 2 : Quelques variables qualitatives des 70 variétés caractérisées

Variétés	Port de la plante	Couleur de la fleur	Couleur des gousses	Couleur des graines	Couleur de l'œil	Taille des graines	Aspect du tégument
45 jours rouges	Erigé	Violet	Crème	Rouge pourpre	Rouge	Petite	Lisse
Agamassikè	Rampant	Blanche	Jaunâtre	Blanc	Rose	Moyenne	Rugueux
Agnokoko	Rampant	Blanche	Crème	Blanc	Noir	Petite	Rugueux
Alacante	Semi érigé	Blanche	Violet	Blanc	Noir	Moyenne	Rugueux
Amélassiwa	Semi érigé	Blanche	Crème	Blanc	Rose	Petite	Lisse
Amélassiwa 2	Rampant	Blanche	Crème	Blanc	Noir	Petite	Rugueux
Amélassiwa 3	Rampant	Blanche	Crème	Blanc	Noir	Moyenne	Rugueux
Assiamaton	Semi érigé	Blanche	Jaunâtre	Blanc	Rose	Moyenne	Rugueux
Atakpamé	Rampant	Blanche	Crème	Blanc	Noir	Moyenne	Rugueux
Atougbenda	Semi érigé	Blanche	Crème	Blanc	Rouge	Moyenne	Rugueux
Ayi djin	Erigé	Violet	Violet	Rouge beige	Rose	Moyenne	Lisse
Azangba	Erigé	Violet	Crème	Violet bordeaux	Noir	Petite	Lisse
Bieng nomio	Rampant	Blanche	Crème	Blanc	Rose	Moyenne	Rugueux
Bieng oune	Rampant	Blanche	Crème	Blanc	Noir	Petite	Rugueux
Dakarvi	Rampant	Blanche	Crème	Blanc	Rose	Petite	Lisse
Damadoami	Rampant	Violet	Crème	Rouge pourpre	Rouge	Petite	Lisse
Dapango kaga	Rampant	Blanche	Crème	Blanc	Noir	Moyenne	Rugueux
Dapango Koukpèto	Rampant	Blanche	Crème	Blanc	Noir	Moyenne	Rugueux
Djodjowou	Rampant	Blanche	Crème	Blanc	Rose	Grande	Rugueux
Esatoune	Rampant	Violet	Violet	Rouge vin	Rouge	Petite	Lisse
Etougnognoli	Rampant	Violet	Crème	Blanc	Noir	Petite	Rugueux
Etoukakali	Rampant	Blanche	Crème	Blanc	Noir	Petite	Rugueux
Gban molou	Rampant	Blanche	Crème	Blanc	Noir	Petite	Rugueux
Gbédéfouba	Rampant	Violet	Violet	Rouge beige	Rose	Petite	Lisse
Golenga	Rampant	Blanche	Jaunâtre	Blanc	Rose	Moyenne	Rugueux
Gouarga	Rampant	Blanche	Crème	Blanc	Rouge	Petite	Rugueux
Guinsibibè	Rampant	Blanche	Crème	Blanc	Noir	Grande	Rugueux
Hèkou hèkou	Rampant	Blanche	Violet	Blanc	Rose	Moyenne	Rugueux
Itouloka	Rampant	Blanche	Crème	Blanc	Noir	Petite	Rugueux
Kampirigbène	Semi érigé	Blanche	Crème	Blanc	Noir	Petite	Rugueux

(continued on next page)

Annexe 2 (*continued*)

Variétés	Port de la plante	Couleur de la fleur	Couleur des gousses	Couleur des graines	Couleur de l'œil	Taille des graines	Aspect du tégument
Kandjarga	Rampant	Blanche	Crème	Jaune sable	Jaune pastel	Moyenne	Rugueux
Kétchéyi	Erigé	Violet	Crème	Violet bordeaux	Noir	Petite	Lisse
Kétchéyi 2	Semi érigé	Violet	Crème	Violet bordeaux	Noir	Petite	Lisse
Kétchéyi Koussémo	Rampant	Violet	Crème	Rouge vin	Rouge	Petite	Lisse
Kétchéyi soukpèlo	Erigé	Violet	Crème	Rouge pourpre	Rouge	Petite	Lisse
Komi	Rampant	Blanche	Violet	Blanc	Rose	Petite	Rugueux
Koufaldo	Rampant	Blanche	Crème	Blanc	Noir	Grande	Rugueux
Kpédévi	Rampant	Violet	Violet	Rouge beige	Rose	Petite	Lisse
Kpédéviyi	Rampant	Violet	Violet	Rouge beige	Rose	Petite	Lisse
Kpoyodji	Rampant	Violet	Crème	Violet bordeaux	Noir	Petite	Lisse
Lamga	Rampant	Blanche	Crème	Blanc	Noir	Petite	Rugueux
Maca	Rampant	Violet	Violet	Rouge vin	Rouge	Petite	Lisse
Malgbong bomoine	Semi érigé	Violet	Crème	Rouge pourpre	Rouge	Petite	Lisse
Malgbong bopiel	Rampant	Blanche	Crème	Blanc	Noir	Moyenne	Rugueux
Natoguildjole	Rampant	Blanche	Crème	Blanc	Noir	Petite	Rugueux
Pamplovi	Rampant	Blanche	Crème	Blanc	Noir	Petite	Rugueux
Pélam	Rampant	Blanche	Crème	Blanc	Noir	Moyenne	Rugueux
Poli poli	Rampant	Violet	Violet	Rouge beige	Rose	Petite	Lisse
Sakawouga	Rampant	Violet	Crème	Gris rougeâtre	Rose	Moyenne	Lisse
Siéloune	Semi érigé	Blanche	Crème	Jaune or	Noir	Petite	Lisse
Simpayo	Rampant	Blanche	Crème	Blanc	Noir	Petite	Rugueux
Simporé	Rampant	Blanche	Violet	Blanc	Rose	Grande	Rugueux
Sodjadéawoudadè	Semi érigé	Violet	Crème	Rouge beige	Rose	Moyenne	Lisse
Sotoco	Rampant	Blanche	Crème	Blanc	Rose	Moyenne	Rugueux
Sotouboua	Rampant	Blanche	Crème	Blanc	Noir	Grande	Rugueux

Annexe 2 (*continued*)

Variétés	Port de la plante	Couleur de la fleur	Couleur des gousses	Couleur des graines	Couleur de l'œil	Taille des graines	Aspect du tégument
Tcharabaou djin	Rampant	Violet	Violet	Rouge vin	Rouge	Moyenne	Lisse
Tchéwo	Rampant	Blanche	Crème	Blanc	Noir	Petite	Rugueux
Tchéwo koumoka	Rampant	Blanche	Crème	Blanc	Noir	Petite	Rugueux
Téklikoé	Rampant	Violet	Noir	Rouge noir	Noir	Petite	Lisse
Téléga	Semi érigé	Blanche	Crème	Blanc	Noir	Petite	Rugueux
Tinkou	Rampant	Blanche	Crème	Blanc	Noir	Petite	Rugueux
Toboni	Rampant	Blanche	Crème	Blanc	Noir	Petite	Rugueux
Togbéyi	Rampant	Violet	Violet	Rouge beige	Rose	Moyenne	Lisse
Toi	Semi érigé	Blanche	Crème	Blanc	Rouge	Moyenne	Rugueux
TVX	Erigé	Blanche	Crème	Blanc	Noir	Petite	Lisse
Vita 5	Rampant	Blanche	Crème	Blanc	Noir	Petite	Rugueux
Vitoco	Semi érigé	Blanche	Crème	Blanc	Rouge	Moyenne	Rugueux
Vitoco 2	Erigé	Violet	Crème	Blanc	Rouge	Petite	Rugueux
Yéboua	Rampant	Blanche	Jaunâtre	Blanc	Rouge	Moyenne	Rugueux
Yélengo	Rampant	Violet	Violet	Rouge beige	Rose	Petite	Lisse

Annexe 3 : Quelques variables quantitatives des 70 variétés caractérisées

Variétés	Cycle (jour)	Nombre de gousses par plant	Nombre de graines par gousse	Longueur des gousses (cm)	Poids de 100 graines (g)	Rendement (kg/ha)
45 jours rouges	77	16.5	17.7	17.9	15.7	549
Agamassikè	93	22.1	12.7	10	21.5	531.3
Agnokoko	114	18.7	13	14.1	15	262.5
Alacante	72	24.9	11	15.3	20.7	495.8
Amélassiwa	69	31	18.3	17.5	12.7	765
Amélassiwa 2	84	21.4	13	15.2	15.5	632.8
Amélassiwa 3	93	15.3	15.7	15.5	22.5	179.7
Assiamaton	82	15.5	14.3	16.6	20	737.5
Atakpamé	81	19.8	14.3	17.6	19	147.2
Atougbenda	91	8.7	13.3	17.4	25	107.8
Ayi-djin	71	24.4	19	21.9	19.3	947.9
Azangba	76	26.6	17.7	16.9	12	575.2
Bieng nomio	94	12.3	12.3	13.5	20.5	202
Bieng oune	91	9	9.7	12.6	16	33.3
Dakarvi	71	20.2	16.7	17.1	11.7	597
Damadoami	69	36.2	17	18.8	17.5	589.3
Dapango kaga	96	26.8	11.3	14.5	21	156.3
Dapango Koukpèto	114	12	12.3	14.2	21	250
Djodjowou	114	11.2	10.7	14	26	153.1
Esatoune	65	26.5	15.3	14.5	14	571.9
Etougnognoli	91	18	12.3	13.2	18	401.8
Etoukakali	96	17.8	14	13.5	15	85
Gban molou	74	26.2	15.3	15.8	17	806.3
Gbédéfouba	71	27.9	13.7	14.7	12.7	563.5
Golenga	97	9	8.7	10	21	90.6
Gouarga	90	20.5	12.3	15.1	19	1100
Guinsibibè	114	13	14	15	30	53.1
Hèkou hèkou	84	16.5	12	15.1	20.5	265.6
Itouloka	81	30.1	15.3	15.5	16	759
Kampirigbène	75	27.4	15.7	15.9	14.7	624
Kandjarga	96	16.3	11.7	12.8	20.5	271.9
Kétchéyi	64	25.5	15.7	18.4	15.3	1174.3
Kétchéyi 2	63	23.9	18.3	17.9	15	1088.1
Kétchéyi Kousségmo	64	24.4	18	20.9	16	637.5

Kétchéyi soukpèlo	67	26.3	15.3	18.9	15	1179.7
Komi	72	35.5	11.7	14.6	16.7	718.8
Koufaldo	114	13	9	14.1	20	56.3
Kpédévi	72	25.5	13.3	14.6	12.7	572.9
Kpédéviyi	66	23.3	14.7	14.7	13.7	668.8
Kpoyodji	64	19.5	18.3	18.1	16.7	980.2
Lamga	97	14	12	12.6	19	50.2
Maca	64	21.4	16	14.5	14	642.7
Malgbong bomoine	67	31.8	17	19.2	16	943.8
Malgbong bopiel	97	17	14.3	17.6	20	225
Natoguildjole	79	23.3	15	15.8	16	629.9
Pamplovi	84	18.5	14	18.4	18	262.5
Pélam	97	17.5	11.7	13.9	19	240.6
Poli poli	71	21.2	15.3	14.9	13.3	640.6
Sakawouga	84	14.1	16	20.1	20.7	461.5
Siéloune	64	32.8	16	16.2	14.3	1341.7
Simpayo	114	15.6	10.7	12.5	17	403.1
Simporé	114	12.7	10.3	14.5	23	100
Sodjadéawoudadè	75	11.8	17	18.3	19	416.8
Sotoco	114	26	15	15.6	24	46.4
Sotouboua	114	14.5	9.7	14.7	29	103.1
Tcharabaou djin	91	8	15	21.3	21	184.4
Tchéwo	114	16	13	13.1	15	362.5
Tchéwo koumoka	91	9	10.3	12.5	16	125
Téklikoé	77	32.1	12	12.5	13.3	840.6
Téléga	74	24.8	15	15.2	14.7	833.3
Tinkou	114	13	12	14.5	14	53.1
Toboni	86	13.5	15	15	16	312.5
Togbéyi	71	20.8	16	15.6	18.3	690.6
Toi	84	8.5	14.3	16.8	26	135.4
TVX	65	25.6	13	17.1	19.3	757.3
Vita5	79	23.1	14.7	15.8	16	732.8
Vitoco	110	8	15.3	17.1	24	128.1
Vitoco 2	97	18.1	15.7	16.7	17.5	65.6
Yéboua	77	25.4	14.7	17.4	20	907.6
Yélengo	68	24.3	15	14.3	13.3	481.3

Annexe 4 : Diversité morphologique de quelques graines de niébé cultivé au Togo

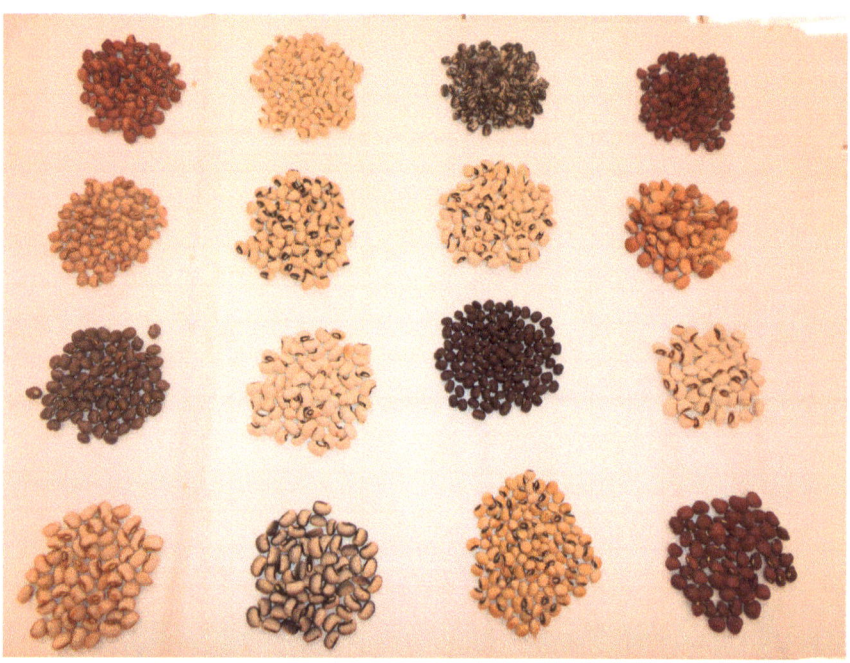

a) cultivar 45 jours rouges, b) Dakarvi, c) Etougnognoli, d) Maca, e) Kpédéviyi, f) TVX, g) Vita 5, h) Sakawouga, i) Kpoyodji, j) Atakpamé, k) Téklikoé, l) Sotoco, m) Kandjarga, n)Pélam, o)Siéloune, p)Tcharabaou djin

#CFP
Call for Papers

Publish with us! As an international Berlin publisher's house we are offering a professional publishing enviroment. As international scientific book sellers we have more than 30 years of experience in the book market.

You have African or Asian Studies to publish? We are predominately interested in the humanities, arts and law.
Works devoted to country or territory specific topics will receive most interest. We do not publish Medical and Scientific works with the exception of endemic studies.

French, German and English manuscripts are welcome. With regard to other languages we offer a professional translation service.

To discuss your proposal please email us at **contact@galda.com** and our editorial team will reply in return.

Galda Verlag
Academic publisher of books especially in African and Asian studies

www.galda-verlag.de